U0395683

写给中小学生的

法布尔昆虫记

第 2 卷
神秘的超能力

（法）法布尔（Fabre，J.H.） 著

余继山　编译

上海科学普及出版社

图书在版编目（CIP）数据

写给中小学生的法布尔昆虫记.第二卷，神秘的超能力 /（法）法布尔
（Fabre，J.H.）著；余继山编译.— 上海：上海科学普及出版社，2017.5

ISBN 978-7-5427-6837-7

Ⅰ.①写… Ⅱ.①余… Ⅲ.①昆虫学—少年读物 Ⅳ.① Q96-49

中国版本图书馆 CIP 数据核字 (2016) 第 257802 号

责任编辑　刘湘雯

写给中小学生的法布尔昆虫记

第二卷　神秘的超能力

（法）法布尔（Fabre，J.H.）著

余继山 编译

上海科学普及出版社出版发行

（上海中山北路 832 号 邮编 200070）

http://www.pspsh.com

各地新华书店经销　三河市同力彩印有限公司

开本 787×1092 1/16　印张 10.75　字数 210 000

2017 年 5 月第 1 版　　2017 年 5 月第 1 次印刷

ISBN 978-7-5427-6837-7　　定价：28.00 元

前　言

　　《昆虫记》是法国著名昆虫学家、科普作家法布尔的代表作。法布尔从小就对自然界和昆虫世界表现出了浓厚的兴趣，立志做一个为昆虫写历史的人。他经过20多年的观察研究和资料搜集，将昆虫的专业知识与人文情怀结合在一起，最终写成了昆虫的史诗《昆虫记》。

　　《昆虫记》全书共分为10卷，概括性地阐述了各类昆虫的种类、特征、生活习性及生殖繁衍情况。书中，作者将自己的人生经历与纷繁复杂的昆虫世界联系在一起，用清新自然、诙谐幽默的语调，向读者讲述了一个又一个关于昆虫的故事，内容不仅包含丰富的知识性，并且极具趣味，是一部不可多得的长篇科普文学巨著。

　　法布尔在描述昆虫时，常常用人性的眼光去看待它们，评判它们，内容充满着哲学意味的思考，字里行间透露出对生命的尊重与热爱。作者在讲述昆虫筑巢、觅食、工作、交配、生殖繁衍等生命活动时，常常浸透着人性的思考。通过阅读这套书，小读者不仅可以读到一个妙趣横生的昆虫世界，而且能通过对这些现象的了解，探究到昆虫背后的秘密，解开一个又一个有关昆虫的谜团。

　　本套丛书是专门为中小学生打造的，在充分尊重原著的基础上，用流畅、通俗易懂的语言向小读者们讲述了各种昆虫趣事，使小读者们能够无障碍地进行阅读。书中还配有大量精美的昆虫插图及活泼俏皮的文字解说，辅助小读者更好地理解其中的内容。现在，让我们一起走进法布尔笔下的神奇昆虫世界，去体会和了解这个不一样的，充满奥秘的世界吧。

目 录
contents

第一章
手术师——毛刺砂泥蜂

第二章
建筑师——黑胡蜂

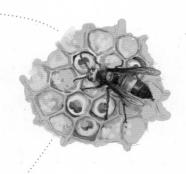

第三章
识途的石蜂

第七章
树莓桩中的居住者
——三齿壁蜂

第八章
寄生者西芫菁

第一章

手 术 师

——毛刺砂泥蜂

昆虫档案

昆虫名：泥蜂

身世背景：一种比较罕见的昆虫，全世界都有分布，已知的大约有9000多种

生活习性：炎热的夏季产卵，寒冷的冬季躲在洞中避寒，会像鸟儿一样迁徙

喜　好：成虫喜欢吃蜂蜜，幼虫喜吃黄地老虎幼虫

绝　技：像麻醉师一样对猎物进行麻醉

武　器：螯针

 打造昆虫的乐园

　　我有一个梦想，为了这个梦想我努力奋斗了 40 年。我梦想着建立一个属于自己的实验室。这座实验室要建立在人迹罕至的荒地上，它是昆虫的乐园，在那里我可以自由自在地与砂泥蜂和泥蜂聊天。如今，这个梦想终于实现了。

　　我是在一个小村子里发现这块荒地的，它简直就是为我量身打造的。美中不足的是，这里几乎寸草不生，植物们都已经枯萎了，百里香没有了，薰衣草也没有了，就连最常见的灌栎也没有了。我必须重新把它们找回来，尤其是百里香和薰衣草，它们是膜翅目昆虫必不可少的食物来源。

一只黄斑蜂正在忙碌着，它想借用矢车菊的根茎
堆造棉花球。

没有人愿意把萝卜籽播撒在这块贫瘠的荒地上，我却在其上建造了昆虫的乐园。茂盛的矢车菊把附近的膜翅目昆虫全吸引来了。不仅如此，还有很多我认识的和我不认识的昆虫都来了，你看，它们有的是捕猎者，有的是建筑师，有的是棉纺织者，有的是钻木的工匠，有的是制造薄膜气球的工人，有的是在地下挖通道的煤矿工人，还有盘旋在花蕾和花叶之间的园丁。种类多得我都数不过来了，我希望能在这里和它们亲密无间地生活。

是谁用矢车菊的根茎造了一个棉花球，这棉花球是用来装它的卵和蜜的吧，哦，原来是黄斑蜂；正在争夺专利品的那些家伙是谁？它们的肚子下面有白色、黑色或者大红色的花粉刷，它们刚从蓟上离开，又跑到灌木丛转了一圈，利用灌木的椭圆形的叶子做成容器，用来装战利品，原来是切叶蜂；在卵石上建房子的又是谁？它们是石蜂，天生的泥瓦匠；那些总是猛地一下飞起，嗡嗡大叫的"冒失鬼"又是谁？它们是砂泥蜂，它们住在斑驳的墙壁或者向阳的斜坡上。

在离我们近一些的地方，有四只壁蜂正在忙碌着。一只正在空空的

采蜜的昆虫喜欢菊科类
的植物，一只蜜蜂正忙
着采蜜。

蜗牛壳上建房子；一只正在啄着一截干枯了的荆棘，打算把这一截荆棘掏空，为幼虫做一个圆柱形的房子，房子里还会用隔板隔成好几层呢；第三只壁蜂正在把一截芦竹做成天然的管道；第四只壁蜂干脆飞到一个高墙上石蜂的家里，做起了免费的房客。长须蜂和大头泥蜂飞过来了，触角翘得高高的是雄蜂；还有长足蜂，它们采完蜜后，后足上就像突然长出了一支大毛笔；另外，形形色色的土蜂，还有腰肢细得像根针的隧蜂也来了。

　　我曾给波尔多的昆虫学者佩雷教授寄了一些罕见的昆虫，佩雷教授又惊又喜，问我是否有捕捉昆虫的诀窍。说实在的，我并不喜欢捕捉昆虫，我不是昆虫专家，我更喜欢活生生的昆虫，我喜欢看它们劳作，不愿意用大头针把它们钉死在盒子里。当我想观察它们的时候，不用提前打招呼，直接过去就是了。要知道，所有采蜜的昆虫都喜欢在菊科植物上聚会。我就是在长满茂盛的矢车菊和蓟草的草地上找到它们的。

　　我准备整理一下荒石园，请了一些泥水匠垒围墙。工程进展很慢，四周堆满了石头和沙子。于是，这堆石头就成了石蜂的居住区，它们在石头间缝隙里过夜。强壮而凶恶的单眼蜥蜴也埋伏在这里，它们张着嘴趴在洞穴里，随时准备袭击路过的蜘蛛；大耳鸮有着黑色的翅膀和白色的绒毛，仿佛穿着修士服，它们栖息在石堆的最高处，总是唱着富有乡土气息的短

促的小调。它的窝应该就在附近的石堆里，窝里面应该还有天蓝色的卵。

沙堆也是一些昆虫的好住所。你看，泥蜂正在那儿打扫自己的庭院呢，它把尘土抛在身后；朗格多克飞蝗泥蜂正把自己的猎物拖到房间里去；大唇泥蜂也把叶蝉藏在自己的地窖里。好景不长，泥瓦匠们开始动手了，把它们全都赶了出去。不过不用担心，我猜，只要我再堆起沙堆，它们很快就会回来的。

也有一些昆虫并未离去。砂泥蜂分散住在各处，它们总是在花园小径旁边的草丛里寻找毛毛虫，春天的时候我能看到它们，秋天的时候我还是能看到它们。还有蛛蜂，它们的工作就是捕猎隐藏在角落里的蜘蛛，其中个头最大、最恐怖的猎物就是狼蛛。荒石园里，狼蛛的窝无处不在，它的窝像个竖井，护井栏是用禾本科植物的茎秆做的，中间再缠上丝就是个完美的小窝了。蛛蜂就趴在窝的底部，它的眼睛闪闪发亮，就像两颗小钻石，大多数人见到了都会不寒而栗。捕猎这么恐怖的家伙是多么危险啊，可见蛛蜂的身手是多么了得！

人撤走了，这里便成了动物的乐园。丁香丛中，莺早已筑好了巢；茂密的柏树叶为翠鸟的窝搭起了凉棚；瓦片下，麻雀正在有条不紊地储存建筑材料——稻草和碎布；梧桐树上，南方金丝雀在轻声歌唱，它们的窝

蛛蜂发现了荒石园角落的大个头狼蛛，拍打着翅膀准备发起进攻。

胡蜂和马蜂围在饭桌的葡萄上飞来飞去，它
们是要检查葡萄是否成熟了。

有半个杏那么大。每当夜幕降临的时候，红角鸮总是唱着那细脆而单调的歌曲；号称"雅典之鸟"的猫头鹰也跑来凑热闹，发出刺耳的咕咕声。

每到交配的季节，房子前面的池塘就热闹起来了。方圆一公里之内的两栖类动物都会赶过来。像盘子一样大的蟾蜍是灯芯草蟾蜍，它们在池塘里一边洗澡一边幽会，背上披着又窄又细的黄绶带。黄昏降临的时候，雄蟾蜍从远方赶来，它们的后腿吊着一串李子核一般大小的卵，简直成了接生婆。把卵放进水里以后，它们就钻进某个石板下面大喊大叫，声音像铃铛一样。树林里、池塘里到处都有雨蛙，它们在树林里哇哇地唱歌，在池塘里自由自在地潜水嬉戏。每个五月的夜晚，池塘里的大合唱此起彼伏，吵得我无法在饭桌上和人聊天，也不能安睡。是该用强力手段来整顿一下了，要知道被吵得睡不着觉的人是什么事都做得出来的。

就连我的房间都要被膜翅目昆虫占领了。白边飞蝗泥蜂干脆在我的门槛下建窝，害得我每次进门都小心翼翼，生怕把它们的窝踩塌了，把它们踩死了。飞蝗泥蜂是捕捉蝗虫的能手，在此之前，我要见它们一面是很不容易的事情，不仅要徒步好几公里，而且还得冒着八月的烈日。现在倒好，只要我一出门就可以看到它们，我们成了邻居。我的窗户框也被长腹蜂拿来筑窝了，它们的窝是用土砌的，紧贴在方石墙上，窗板上的一个隐秘小洞成了它们回家的隧道；百叶窗的护窗条上住着几只落单的黑胡蜂，还有一只黑胡蜂抢占了半开的屏风下面的风水宝地，它用土给自己的窝建了一个圆顶，圆顶的上方还开了一个向上延伸的细口。这些不速之客经常光临我的饭桌，来检查桌子上的葡萄是否熟透了。

昆虫们把我的这片荒地当成了安全的住所，我可不想仅仅做它们的房东，我希望能和它们交谈，这才是我最大的乐趣所在。

我之所以逃离城市，来到乡村，就是想尽情地观察昆虫，要知道城里花大价钱建造的实验室可没有这里的宝贝多。荒原里的住户们，有些是旧相识，更多的是新朋友，在这里它们都是亲密的邻居了。它们尽可以自由自在地捕猎、采蜜、建筑自己的窝。离这里不远，有一座山，山上遍布着大片的野草莓、岩蔷薇、欧石楠，那里的沙层是泥蜂最喜欢的，而山坡上的泥灰石正等待着膜翅目昆虫去开发。

科学家有意无意地忽视了地上的昆虫，他们宁愿用各种精密的仪器去解剖海底的小动物，甚至只是为了弄清楚某种环节动物卵黄的分裂过程。相较而言，显然地面上的昆虫与我们的生活更加密切相关，研究它们，也可以得到很多生物学上的宝贵资料，为什

各种膜翅目昆虫正在大片的野草莓丛上进行着开发。

么不去研究它们呢？不可否认，有些昆虫是个"捣蛋鬼"，以毁坏庄稼为乐趣，但是不管怎么说，它们都是与我们息息相关的小动物啊。

我梦想着有这么一座实验室，在这座实验室里可以研究活生生的小昆虫，而不是研究泡在各种各样的瓶瓶罐罐中的昆虫的尸体。我想，了解这些昆虫的习性、本能、生活方式、劳作方式以及繁衍行为，从而了解它们为什么热衷于破坏葡萄，这远比你去了解某种蔓足亚纲动物的某一神经末梢的结构要有意义得多。我们应该有更多的人来做这样的研究，而事实上连一个这样的研究人员都没有！人们总是对软体动物、植形动物更感兴趣，甚至对自己脚下的土地都还没弄清楚，就跑去探索海底世界，人们的这种观念应该转变了。在这片荒地上，我没用纳税人的一分一毫就建起了这座实验室，我会一直为我的"昆虫乐园"而努力！

荒草园正吸引越来越多的活生生的昆虫来到这里，这里成了"昆虫的乐园"。

手术师——毛刺砂泥蜂

五月的一天，我在荒石园里溜达，看看是否有新的情况发生，期望能看到毛刺砂泥蜂。法维埃——一个老兵，正在附近的菜园里忙活着。下午四点左右，他停下了手头的活计，在炉边的高石头上坐了下来，娴熟地用口水蘸湿了大拇指，把烟丝塞进烟袋，抽起烟来。

每当这个时候，法维埃的身边总是围满了人，我们一家大小都喜欢听他讲故事。法维埃见多识广，故事讲得稀奇却又合情合理。虽然知道他讲的故事大多都是瞎编的，但是我们仍然听得津津有味，不知不觉就到了吃夜宵的时间。听他讲故事，夜晚总是那么短暂。如果哪一天他没有坐在火炉旁抽烟，我们就会感到很失望。

我注意到法维埃，是因为一件小事。那时，马赛的朋友给我寄来了两只大螃蟹，它们被渔夫们称为"海上蜘蛛"。哪天晚上，我把螃蟹身上的绳子解开，此时刚吃完晚饭的泥瓦工、画工、粉刷工都回来了，他们看到这两只奇形怪状的螃蟹都大惊失色，有些人甚至尖叫起来。只有法维埃面不改色，娴熟地抓住张牙舞爪的"蜘蛛"，轻蔑地看了看惶恐的人们，说："我在瓦尔拉吃过这东西，味道还不错。"

毛刺砂泥蜂的外形看上去有点像蜘蛛，它的螫针从甲壳四周发散出来。

第 2 卷
神秘的超能力

许多东西，法维埃是通过吃来认识它们的。他有令我吃惊的观察、鉴别事物的能力，而且记忆能力超群。凡是我提到的植物，哪怕是很微小的，只要我们的树林里有，他都能给我带回来。此外，他还能轻易地把那些不时出现的讨厌鬼打发走。比如，在野外采集的时候，有些农民总是围在我身边东问西问，问题大多很幼稚，语气却常常是嘲弄的，有一个先生就看着玻璃杯里的苍蝇和烂木头哈哈大笑了很久。对于这些人，法维埃只需一句话就可以让他们消失。

兔子的粪便里有一种隐花植物，因为研究的需要，我收集了一些兔粪。这引起了一个乡下人的注意，在他看来凡事都是和金钱相关的，我收集兔粪当然也是为了发财。他向法维埃取经，问："你的主人用这坨屎做什么？"法维埃一本正经地回答："他要蒸馏兔粪，从中提取粪汁。"乡下人听得一头雾水，只得悻悻地走开了。

言归正传，让我们回到荒石园来。我之所以期待毛刺砂泥蜂的出现，是因为它绝对是一个技术精湛的麻醉师。在第一卷中，我介绍过毛刺砂泥

砂泥蜂寻找猎物时，往往会在地上挖掘搜寻。

蜂的冬眠，当春天来临的时候，它总是比其他猎食野味的膜翅目昆虫更早地开始捕猎，为了给自己的幼虫准备好食物，它需要给捕获到的小虫做个手术。手术的时候，它总是异常精准地用自己的蜇刺多次刺在猎物的各个神经中枢上。我只见过一次如此精妙的手术，那次我精力不济，怕是遗漏了许多精彩的细节，非常渴望再观察一次。实际上，就算是我上次观察得很透彻了，也希望再做一番观察。毛刺砂泥蜂终于重新飞来了，你看它们小心翼翼地用脚探索着飞行，一会儿飞到荒芜的沙地上，一会儿飞到茂密的草丛中。接近五月中旬的天气，风和日丽，成群的砂泥蜂在满是灰尘的小路上停了下来，享受着美妙的日光浴。

　　5月17日，毛刺砂泥蜂们开始行动了，真是幸运的一天。它们忙忙碌碌不停歇，我们就挑其中最棒的一只尽情观察吧。我是在一条小路上发现它的，这条小路上的土已经被踩得很结实了。此时，离这只毛刺砂泥蜂的窝不远的地方躺着一只麻醉好了的猎物，这是一只幼虫，身上已经爬满了蚂蚁。一般来说，膜翅目昆虫在筑窝或者修缮窝的时候，总会把猎物暂时搁置在一旁，它们通常把猎物放在高处，以免被其他捕猎者偷走。毛刺砂泥蜂很了解该如何放置猎物，可是这一次它显然失算了，爬满了蚂蚁的猎物可不是它想要的。也许是因为猎物太重了，在搬运的过程中掉了下来，不管怎么说，如今这个手术大师只能眼睁睁地看着自己的美食被蚂蚁们分享了。

已经被砂泥蜂麻醉的一条幼虫被放在离窝不远的地方，身上已经爬上了很多蚂蚁。

以毛刺砂泥蜂的能力，赶走这群蚂蚁不在话下，可是赶走了一只，就会有十只拥上来。因此，毛刺砂泥蜂并没有采取任何措施，它明白事到如今再去争夺已经毫无意义了。

毛刺砂泥蜂总是在以自己的窝为中心方圆十米的范围内捕猎。它用脚耐心地在土里搜寻着，用触角不停地拍打着地面。此时正是烈日当头的时段，天气十分闷热，预示着明天会有一场大雨。我蹲在地上，死死地盯着忙碌的砂泥蜂，已经持续了 3 个小时了。砂泥蜂在找黄地老虎幼虫，这是一件非常困难的工作，就算是人也很难做到。如果你读过我的作品，你应该知道，我曾用一块相似度很高的活肉替换了飞蝗泥蜂的猎物，以便飞蝗泥蜂能尽快实施手术，那个手术非常复杂，要知道为自己的幼虫奉上一块不会动却又鲜活的肉从来都是一件非常困难的事。如今，我想用同样的方法对付砂泥蜂，以便让它尽快开始手术，为此我得抓紧找到几只黄地老虎幼虫。

法维埃正在花园里干活，我冲着他喊道："快来帮我一个忙，去找几只黄地老虎幼虫，急需！"法维埃知道这种幼虫，因为我和他说过，而且经过这段时间的相处，他对我的工作已经非常了解了。法维埃二话不说

砂泥蜂一般会再次回到猎物存放的地方，对猎物进行复杂的手术。

手术师——毛刺砂泥蜂

砂泥蜂正在找寻黄地老虎幼虫的踪迹，它把
地上的土掀开以便搜寻。

就行动了起来，以他的能力，很快就会有收获。然而时间一分一秒地过去了，我期待的好消息一直没来。"法维埃，找到黄地老虎幼虫了吗？"我催促道："对不起，先生，我还没有找到。""见鬼！阿格拉艾、克莱尔，都过来帮忙吧，一定要找到！"我发动了全家过来帮忙，他们都很努力地搜寻着，而我却不能脱身，必须牢牢地盯着砂泥蜂，防止被它逃脱，于是我就一只眼睛盯着砂泥蜂，一只眼睛搜寻着黄地老虎幼虫。然而，3个小时过去了，没有一个人找到哪怕一只黄地老虎幼虫。

砂泥蜂一直在那儿清理地面，一直在那些有着轻微裂痕的地方搜寻，它尝试着把一块杏核那么大的土块掀开，并没有成功，旋即放弃了努力，它看起来累坏了。我们几个人加在一块都没有找到一个幼虫，砂泥蜂也没有找到，是否意味着砂泥蜂和我们一样笨呢？事实上，在很多情况下，昆虫比人类具有更敏锐的感觉，它们在搜寻过程中随时根据自己的感觉调整方向，没有找到猎物并不意味着它们不知道猎物在哪儿。在即将下雨的时候，敏感的幼虫可能会钻到更深的地下，捕食者虽然知道幼虫在哪儿，却没有能力把它挖出来。我真是太笨了，早就应该想到的，砂泥蜂一直在那个地方尝试，一定是它发现了黄地老虎幼虫的踪迹，只是负担不了沉重的挖掘工作罢了。

手术师对猎物的手术开始了，
它首先将螫针刺入猎物的身体，
使得猎物不停地扭动。

　　一念及此，我立即调整方向，在砂泥蜂尝试过多次最终放弃的地方开始挖掘。但是我用刀挖了一会儿，仍然是一无所获，不得不走开了。我刚离开，砂泥蜂就杀了回来，在我刚才挖掘的基础上继续搜寻，仿佛在说："走开吧，蠢货，让我把幼虫找出来给你看看！"看到它如此坚持，我决定返回来继续往下挖，不一会儿果然挖到了一只黄地老虎虫。哈！我就知道砂泥蜂不会错的，它从不会没有理由地胡乱搜寻的！

　　我开始和砂泥蜂合作了！砂泥蜂像狗一样，负责找到黄地老虎的藏身之地，我负责把猎物挖出来。就这样，我和我的合作伙伴很快获得了辉煌的战果，一只、两只、三只、四只……这些猎物全都是在刚才砂泥蜂不断尝试的地方挖出来的，用人的眼睛看，这个地方根本没有任何存在幼虫的迹象！怎么样！我们所有人花了3个小时一无所获，而跟随砂泥蜂的脚步，我想要多少，它就会给我找到多少。

　　砂泥蜂准备对第五只幼虫做手术了。我趴在地上，和砂泥蜂非常近，选了一个最佳的角度，准备欣赏精彩的手术过程，我可不想错过任何一个细节。

　　砂泥蜂先用钳子牢牢地抓住幼虫的脖子，幼虫拼命地挣扎，肥硕的

臀部不停地扭动着，但是就是碰不到砂泥蜂。紧接着，砂泥蜂将螫针刺入幼虫头部的第一个环节处，那是幼虫身体上最柔嫩的地方，螫针在那个地方停了许久，渐渐地让幼虫平静下来。

不一会儿，砂泥蜂把螫针抽了出来，倒在地上翻滚着，抖动着翅膀，全身都抽搐着，仿佛要死去了。难道砂泥蜂遭到幼虫的反击了吗？难道它会这样死去吗？如果这样的话，这次实验就要宣告失败了。没想到，没过多久，砂泥蜂就振作了起来，它挥动着翅膀，抖了抖触角，又向幼虫扑去。原来，刚才它是在为手术成功而庆祝呢！

手术在继续，砂泥蜂把螫针刺入幼虫的第二体节，这是幼虫的腹部，紧接着直接上口，用钳子般的颚死死地咬住幼虫。就这样，砂泥蜂有条不紊地进行着手术，不一会儿，幼虫胸部、假足上的 4 个体节和后面的无足的体节，一共 9 个体节都被螫了一针。幼虫共有 13 个体节，砂泥蜂放过了幼虫的 3 个无足体节和最末尾的一个带假足的体节。手术非常顺利，事实上在砂泥蜂刺上第一针的时候，黄地老虎幼虫就已经丧失了抵抗力。

麻醉师衔着猎物的头试探性地咬它，却不能下手太重，否则猎物会死掉。

麻醉师的手术做得差不多了，它把猎物放在一边，安心回到窝里。

临近手术的结尾，砂泥蜂开始不听地折磨着幼虫，它不断地试探性地咬着幼虫的头部，又小心翼翼地不让幼虫伤到，前后共咬了 20 多次。砂泥蜂似乎在仔细观察幼虫的反应，又努力维持着幼虫虚弱的生命。这个精妙的手术师，动作真是精妙，一个死去幼虫并不是它所期待的，因为死虫的肉很快就会腐烂。

手术结束了。砂泥蜂把幼虫扔在手术台上，自顾自地去修缮自己的窝了。幼虫半蜷缩着躺在那儿，它已经无力折腾了。我的目光依然追随着砂泥蜂，看它专心地挖洞。

砂泥蜂需要在自己的窝里给幼虫腾出一个地方，窝的顶部本来有一颗卵石，那会阻碍它搬运猎物，所以它先把卵石运了出来。接着，它似乎发现自己的卧室还不够大，开始扩建自己的卧室。在辛勤的劳动中，它似乎非常兴奋，不停地挥动着翅膀，发出吱吱嘎嘎的声音。我完全被它迷住了，贪婪地观察着，生怕漏掉了任何一个细节。终于，砂泥蜂忙完了，它回到了幼虫的身边，不料幼虫的身上已经爬满了蚂蚁。

已经不是第一次发生这样的事情了，砂泥蜂简直气疯了。疲惫的它，仿佛一下子泄了气，无精打采。我赶紧又拿过来一条虫子，希望能给它一点安慰，可是它无动于衷，没有任何反应。夜幕降临了，乌云也笼罩过来，零星地有几滴雨下了下来。遇到这样的天气，砂泥蜂不可能再继续捕食了。实验宣告结束，多余的黄地老虎幼虫最终没有派上用场。

这次实验从下午 1 点一直持续到下午 6 点，我一直目不转睛地观察着。

神秘的感官

上面，我详细描述了砂泥蜂捕猎的过程。对我来说，这次观察十分宝贵，哪怕以后在荒石园再也没有其他的发现了，我也感到满足了。在我所观察到的昆虫本能方面的表现，砂泥蜂麻醉黄地老虎幼虫的手术方法无疑是最为精妙的。

我必须把这个重大的发现写下来，并尽可能地作分析。我首先要解决的问题就是：砂泥蜂是如何确定幼虫的藏身地点的。在我看来，幼虫可能存在任何地方，可以是贫瘠的土地下，可以是茂盛的杂草下，也可以是碎石之下，我丝毫没有看出那个真正的藏身之地有什么特别之处。在砂泥蜂的帮助下，我连续五次找到了幼虫，我想砂泥蜂不是通过视觉来搜寻幼虫的。

那么砂泥蜂是如何找到黄地老虎幼虫的呢？通过观察我们发现，砂泥蜂是用触角来搜寻的。砂泥蜂有两根触角，就像两根敏感的弦，也像两根手指，在工作的时候两根触角的末端粘在一起，靠触摸和感受震动来了解情况。搜寻的时候，砂泥蜂把触角弯曲成弓形，末端不停地抖动着，让触角的前端不断地拍打着地面。如果地面上有缝隙，就颤抖着触角伸进去；如果地面上布满了网状的根茎，就加快触角抖动的频率，在根茎网络的凹

砂泥蜂是如何发现几法寸下的黄地老虎幼虫的呢？这确实值得好好研究一下。

陷处进行探索。然而，光靠触摸就能知道地下有什么吗？要知道，黄地老虎幼虫也是深藏在地下的啊。

我猜，砂泥蜂是靠嗅觉来搜寻猎物的。这一点并不神秘，大多数的昆虫都是靠嗅觉发现猎物的。比如负葬甲、葬尸甲和皮蠹，它们在很远的地方就能闻到深藏在地底下的一小块尸体的气味，并能准确地将其挖出来。

如果真的是嗅觉在发挥作用，那么是身体的哪一部分在发挥嗅觉的作用的呢？有人说是触角，我很难接受这个观点，触角是由一节一节的角质的环组成的茎，这和我们所了解的鼻孔的结构有极大的区别，怎么能和鼻孔相提并论呢？

就拿砂泥蜂来说，我几乎可以肯定它的触角没有嗅觉的功能。我们知道嗅觉是一种被动的功能，当有气味传来的时候，它才能发挥作用。通过前面的记述，我们知道砂泥蜂是通过触角主动去感觉的，而且静止不动远比不停抖动更有利于感觉气味。再说了，只有猎物具有特别的气味，嗅觉才能发挥作用。我曾把黄地老虎幼虫拿给嗅觉灵敏的年轻人闻，他们没有人能闻出来什么味儿。

如果你坚定地认为是嗅觉在起作用，我只能假设砂泥蜂像猎狗一样嗅觉灵敏。

大多数昆虫的嗅觉都相当灵敏，并能在很多时候帮助它们。

但是常识告诉我这不太可能，嗅觉灵敏的年轻人把鼻子贴近黄地老虎幼虫都闻不出来什么气味，砂泥蜂隔着厚厚的土层怎么能闻出来呢？其实，昆虫们的嗅觉谈不上出类拔萃，负葬甲、皮蠹、阎虫等之所以能迅速找到远处的地下深处的尸体，主要是因为尸体具有非常浓重的气味。譬如一些烂肉臭奶酪之类东西，还需要异常灵敏的嗅觉才能发现吗？

是不是听觉在发挥作用呢？人们一直忽略了昆虫的听觉。毋庸置疑，昆虫的听觉是极其敏锐的，当触角接收到声音的时候就会剧烈地震颤。或许，砂泥蜂把触角伸入土地的裂缝里的时候，能够接收到从地底深处传来的细微的声响，比如幼虫身体扭动的声音，幼虫咀嚼草根的声音等。但是仅凭听觉来搜寻猎物显然是很难让人信服的，且不说幼虫能发出的声音都极其微弱，单是那厚厚的土层就有极强的吸收声音的能力，砂泥蜂很难接收到有效的声响。

我还得提醒你，黄地老虎幼虫是昼伏夜出的东西，白天的时候，它根本就是一动不动地趴在自己的窝里。从我找到的那几只幼虫的情况来看，它们的藏身之处几乎没有任何可以啃的东西，它们就是那么纹丝不动地藏在没有树根的土层里。所以，它们压根就不会发出任何声音，因此砂泥蜂也不可能通过听觉来找到它们。

作为砂泥蜂猎物的黄地老虎幼虫靠啃食植物生存，
并在八月末破茧而出。

　　话说回来，砂泥蜂到底是怎么找到黄地老虎幼虫的呢？唯一可以肯定的是，触角发挥了重要的作用。那么触角到底有什么神奇的功能呢？我答不出来，而且也不知道什么时候才能解开这个谜团。

　　当我们去描述动物的能力时，我们总是参照我们自身，常常忽略了它们可能具有我们所不具备的能力，对于这种能力，我们很难做出精确的描述。我们能肯定地说它们没有我们不了解的能力吗？恐怕不能，我们并没有深入理解它们，就像盲人无法理解颜色一样。砂泥蜂的神奇感官，也许并不是触觉、听觉、嗅觉或者视觉，很可能是一种新的感官，这个感官就藏在砂泥蜂的触角里。这是一个全新的课题，是人类的人体结构无法给我们参考的课题。或许，我们人类的身体所不能察知的物体的一些特性，动物却能轻易地觉察到。

　　斯帕郎扎尼曾把一个房间布置成了迷宫，他横七竖八地拉了很多绳子，还在绳子上挂了许多荆棘，然后弄瞎了一群蝙蝠的眼睛，把它们投入这个迷宫。令人感到惊奇的是，瞎了眼的蝙蝠仍然认得彼此，而且可以自由自在地在迷宫中穿梭。蝙蝠到底是怎么做到的？我不知道答案，就像我不知道砂泥蜂的触角上到底藏着什么神秘的器官。

　　事实让我们不得不承认，动物的身上存在着我们所不具备的能力，它们有太多我们不清楚的生存手段。

　　下面让我们看看黄地老虎幼虫，这个小东西还是值得我们来了解一下的。我之前抓到了 5 只黄地老虎幼虫，本来打算把它们全部奉献给砂泥蜂做手术的，结果只有一只派上了用场，还有 4 只留了下来。于是，我找来一个短颈大口玻璃瓶，在瓶子里装了一些土，又在土上面放了一些生菜心，然后把黄地老虎幼虫关了进去。白天的时候，它们就老老实实地躲在土里，晚上就爬出来啃噬生菜。到了八月份，它们就躲到土层里不出来了，在那里给自己编了一个粗糙的、椭圆形的、如鸽子蛋一样大的茧。到了八月末，4 只飞蛾破茧而出，我立即认出它们就是黄地老虎。

　　黄地老虎幼虫是个不折不扣的大坏蛋，白天的时候它们潜伏在地下，晚上就出来啃噬植物的根茎。它们的胃口很好，从来不挑食，无论是观赏类植物还是蔬菜，都逃不出它的魔爪。如果你发现菜园、花坛或者农田里的一些植物幼苗莫名其妙地枯萎了，把它们从土里拔出来，会发现它们的根茎全被咬坏了，这都是黄地老虎幼虫干的好事！可以说，黄地老虎幼虫

黄地老虎幼虫是农田作物和花园植物的敌人，常以草本植物的根茎为食，它的食物还包括观赏类植物和蔬菜等。

对植物的危害堪比鳃角金龟的幼虫。如果你任由黄地老虎幼虫在你的菜园里繁殖，你一定会承受巨大的损失。所以，砂泥蜂把黄地老虎幼虫作为自己幼虫的食物，是帮了人们多么大的忙啊！

我向农民们宣传砂泥蜂的丰功伟绩，说它们是捕捉黄地老虎幼虫的能手，并且在春天里就勤奋地工作。也许一只砂泥蜂就能拯救整个花坛的凤仙花或者整个菜园的生菜。然而，农民对我的话充耳不闻，没有人愿意帮助这个可爱的膜翅目昆虫，没有人愿意帮助它们繁衍生息。砂泥蜂在花园里飞来飞去，仔细地巡视着花园的每一个角落，即便无人欣赏，它们依然勤奋。

人类可以挖一条运河联通两片大海，可以开凿隧道穿通阿尔卑斯山，甚至可以计算高高在上的太阳的质量。人类可以做到几乎任何他们想做到的事，但是对于昆虫却总是不屑一顾，不懂得消灭害虫，也不懂得保护益虫，任由樱桃被偷吃，任由一片葡萄园被一只小虫毁掉。人类的行为，真的很奇怪。

砂泥蜂幼虫的唯一食物就是黄地老虎幼虫。

砂泥蜂并不是群居的昆虫，它们依照自己的喜好来行动。

那么我们是否可以向砂泥蜂伸出援手，让它们在花园或者田园里生生不息呢？仔细想来，确实很难帮助它们。诚然，砂泥蜂是黄地老虎幼虫的天敌，但是黄地老虎幼虫是砂泥蜂唯一的食物，难道我们要去繁衍黄地老虎幼虫来帮助砂泥蜂吗？如何饲养砂泥蜂也是一个让人挠头的课题，砂泥蜂可不像蜜蜂一样喜欢群居，也不像愚蠢的蛾子一样喜欢随意交配，它们总是来无影去无踪，讨厌被束缚，像个骄傲的独行侠。

 ## 关于砂泥蜂的本能

膜翅目的幼虫只能吃一动不动的虫子，以防被反抗的猎物伤到，而且还得保证一动不动的猎物是活着的。"一动不动"和"活着"这两个条件看起来矛盾，其实看过前面的内容的读者应该明白，膜翅目昆虫是用麻醉的手段来实现这两个条件的。膜翅目昆虫会首先把螯针刺入猎物的神经中枢，根据猎物的身体结构再决定到底要刺几下，因此膜翅目昆虫通常对猎物的解剖结构都非常熟悉。

黄地老虎幼虫的神经中枢是分散的，身体却非常有力量，它的屁股一扭，就能把毛刺砂泥蜂的卵甩到墙壁上撞碎。因此，毛刺砂泥蜂必须确保猎物不能动弹了，才敢把它和自己的卵放在一起。

由于黄地老虎幼虫的神经是分散的，毛刺砂泥蜂为达目的必须逐条神经进行麻醉，尤其是对其破坏能力较强的肢节。这种手术极为复杂，就算是生理学家都未必能胜任，砂泥蜂耐心地蜇入九次，它比最优秀的麻醉师做得更好。

黄地老虎幼虫的头部是最危险的，不仅能够灵活转动，大颚还有很强的攻击力。因此，为了顺利搬运猎物，毛刺砂泥蜂必须使黄地老虎幼虫完全丧失抵抗意识。实施手术的时候，需要小心地避免蜇针刺入猎物的脑

砂泥蜂确定猎物没有战斗力之后，会抓着猎物的颈子把它拖进自己的窝。

子里，那样会给猎物的脑神经节以致命的打击，使其立即死亡。毛刺砂泥蜂首先用自己的大颚咬住幼虫，适当施压，每次施压后都要停下来检查一下猎物的伤势，保证猎物不会因此死亡。当猎物完全处于麻醉状态后，砂泥蜂就咬住它的颈子拖到窝里去了。

砂泥蜂做外科手术的过程，我观察过两次。第一次比较匆忙，观察得不够仔细；第二次准备充分，观察得很仔细。两次手术有个相同之处，砂泥蜂都在猎物的腹部末端有条不紊地刺了很多下，但是具体次数是否一致我不敢肯定，我猜应该是不一样的。黄地老虎幼虫的尾端并没有太大的攻击性，砂泥蜂应该会视具体情况来决定要刺多少针。

此外，第二次观察的时候我注意到，砂泥蜂对猎物的头部采用了压迫的做法，以确保猎物处于麻醉状态，而第一次并没有这样做。由此可知，这个步骤并不是必要的，砂泥蜂会根据猎物的状况来决定是否施行，以保证运输及储存过程的安全。

我曾多次观察过朗格多克飞蝗泥蜂的捕猎过程，只有一次观察到它对猎物的颈部做了压迫的动作。由此看来，对于昆虫来说，压迫猎物的脑部神经节并不会对后代的进食产生过大的影响。综上所述，毛刺砂泥蜂的麻醉手术必须要做的步骤是：用螫针依次刺入猎物腹部中线上的神经中枢的全部或者大多数神经中枢中去。

在这里，我想把毛刺砂泥蜂捕猎的过程和人类屠牛的过程做一下对比。在我还是青年的时候，曾目睹了一次屠夫屠牛的全过程。虽然那时我有轻微的晕血症，但是对死亡的好奇心还是牵引着我走进了屠宰场。牛来了，它的角上被绑上了结实的绳子，鼻子湿润，神色平静，好像要回家一样。当牛被拉进遍地都是肮脏的血水和内脏的场所时，它意识到了情况不妙，躁动起来，拼命地挣扎。屠夫的助手不会给它机会的，立即将牛角上的绳子穿过牢牢钉在石板上的铁环，然后使劲往后拉，把牛的头死死拽向地面。另一个助手立即跑过来帮忙按住牛头。此时，屠夫举着明晃晃的屠刀走了过来，他用手在牛的颈椎上摸了一会儿，然后把尖刀刺进选定的位

作为一个猎手，砂泥蜂是怎样做到准确地捕捉到猎物并进行手术的，值得研究。

置上。牛颤抖了一会儿就倒下了。对此我一直有一个疑问：屠夫的刀看起来并不锋利，为何能轻易杀死一头牛呢？

后来，有一本书解释了我的困扰。屠夫下刀的位置很重要，那是牛的颅骨出口处的脊髓，是被生理学家称为"生死结"的地方，只要刺透了这个地方，牛的性命也就终结了。砂泥蜂的手术原理与此类似，却更复杂，因为屠夫只要保证杀死牛就好了，砂泥蜂却需要动物在丧失行动能力的前提下，还得维持生命。由此可见，砂泥蜂要比屠夫高明得多。

屠夫的手艺是师傅教的，砂泥蜂的技能是谁教的呢？砂泥蜂并没有师傅，在它出生之前，它的长辈已经过世了，在它的后辈出生之前，它也早已死去了。砂泥蜂的技能不需要学习，这种技能烙印在砂泥蜂基因里，一代代遗传，成为一种本能，就像婴儿生下来就知道找奶头吃奶一样。

　　动物总会在某些特殊的时刻展现自己的本能。学者们常常将本能描述为自然选择、返祖现象或者生存竞争的产物。就我四十年来的观察所得，我的看法和大多数人的观点并不一样。

　　以我的理解，专家们的意思应该是这样：很多年前，一只砂泥蜂在捕猎的时候，偶然刺中了猎物的神经中枢，发现这一行为起到了很好的效果，可以为后代留下新鲜的食物，于是砂泥蜂就把这一经验保存在了自己的基因里，并分毫不差地遗传给了后代；有的后代很好地掌握了这一技能，有的后代则比较生疏，于是优胜劣汰，表现更好的砂泥蜂繁衍了下来。经过一代又一代的传递，基因里本来浅显的印记越来越深刻，以至于如今的砂泥蜂都可以熟练地使用这一捕猎技能了。

　　我是大体认可这一逻辑的，但对最初的成功捕猎的偶然性表示怀疑。如果最初砂泥蜂只是随意选择了螯针刺入的位置，那么它可能刺入猎物的任何部位。让我们来看看黄地老虎幼虫的身体，那上面有多少个部位呢？如果用严谨的数学算法，那几乎是无限的！就当是几百个好了，这几百个

砂泥蜂捕猎的技法是它生命的重要部分，通过遗传基因控制，进而成了本能。

部位中只有极少数是有效的，需要精准的刺入有效部位中的九个或者更多才能达到目的，注意是精准刺入，偏一点都不行。照此排列组合，砂泥蜂需要刺多少次才有可能成功？这个概率太小了，就算用上千年万年的时间都未必能够成功。如果硬说这一切都是时间的问题，很难让我信服。

也许你们还是会坚持自己的观点，相信自然定律保留了强者。昆虫拥有如今的捕猎技巧，一定是在实践过程中不断累积起来的。这个观点看似有理，实际上根本行不通。砂泥蜂的技术必须是与生俱来的，只有如此才能捕猎比自己个头大很多的猎物，并将其运回窝妥善安置。砂泥蜂的幼虫更为弱小，它们在狭小的窝里进食巨大的食物必须有一个前提条件，那就是猎物是不能动弹的。如果能够提供这个前提条件，砂泥蜂就可以代代繁衍；如果不能，砂泥蜂的幼虫就在劫难逃。

让我们来重新梳理一下整件事的逻辑。我认为，砂泥蜂的始祖就必须具备捕猎幼虫的技术，而且当时的技术就如今天一样精妙。它应该懂得抓住猎物脖颈上的皮，把螯针准确地刺进每一个神经中枢，如果猎物并没

砂泥蜂并不会随意螫入猎物的任意部位，而是精准地刺入合适的部位。

砂泥蜂在繁衍后代的过程中，保持着自己的捕猎本能，一代代
砂泥蜂为捕育后代寻找猎物黄地老虎幼虫。

有就范，还要对其头部进行压迫。总而言之，如果砂泥蜂的始祖没有掌握
这一套方法，它就不可能为自己的后代提供安全的食物，也就没有繁衍生
息的机会。换言之，如果砂泥蜂的始祖没有掌握这一套手术方法，就不会
有现在的砂泥蜂。

还有人认为：最初的时候，砂泥蜂的猎物可能是比较弱小的虫子，它
不用费太多力气就可以达到目的；随着时间的积累，砂泥蜂意识到捕猎更
大的猎物，可以大大降低捕猎的次数，对自己的生存和繁衍更为有利，于
是开始捕猎个头更大、攻击力更强的猎物，手术的复杂程度也随之提高。
久而久之，砂泥蜂的本能也就愈发强大了。

对于这个观点我也不敢苟同。从长期的观察所得来看，昆虫们几乎
从来都不会改变后代的饮食习惯。例如，以象虫为食的昆虫，只会在自
己的蜂房里储存象虫，绝不会掺杂其他的食物；以虻为食的泥蜂，一直

坚信蚜是世上最美妙的食物；大唇泥蜂也不会认为有什么食物可以代替自己的修女螳螂。其他的昆虫也都是如此，它们大多各有所爱而且从不移情别恋。

不可否认，个别昆虫的口味比较杂，愿意尝试其他的食物，但是其选择的范围也非常有限。比如，对有些昆虫来说，象虫和吉丁都是可以接受的，选择两者中比较容易捕捉的一个即可。以这种规律来看，毛刺砂泥蜂的厨房里堆放的食物可能是少而多的或者大而少的，事实并非如此，它永远只钟情一种食物。我观察了几十年，膜翅目昆虫的这一习性从未改变，没有证据可以证明它曾经放弃过捕捉多只小猎物。

退一万步说，就算我上面所说的理由都不成立，就能确定砂泥蜂的始祖当初是以弱小的幼虫为猎物的吗？要知道弱小幼虫身上的神经分布和黄地老虎幼虫身上的神经分布是完全不同的，砂泥蜂怎么可能获取捕猎黄地老虎幼虫的技巧呢？要知道，它一针刺偏，不仅是捕猎失败那么简单，被激怒的猎物将会发动更为猛烈的攻击，砂泥蜂的处境将十分危险。我想，如果砂泥蜂对黄地老虎幼虫一无所知，它准确刺中黄地老虎幼虫的神经中枢的概率就微乎其微。以此来看，认为砂泥蜂始祖的最初猎物不是黄地老虎幼虫的观点，实在是没有什么说服力的。

再退一步，姑且认为砂泥蜂的始祖撞了大运，以极小的概率成功捕获了一只黄地老虎幼虫，而且它的卵孵化出的幼虫也安然无恙地享用了可口的食物。那么，几个小时或者几天之后，猎物被吃完了，砂泥蜂不得不进行第二次捕猎，它还会再撞一次大运吗？这种侥幸可以重复发生两次吗？

让我们的思考继续深入下去，假设砂泥蜂的这个始祖运气大爆发，多次成功地捕猎了黄地老虎幼虫。注意，这一切都是运气使然，它自己并不知道为何会这样。于是，这一偶然行为就在砂泥蜂的基因里留下了烙印，让其后代一出生就继承了母亲本来不具备的本能，知道把螯针刺入黄地老虎幼虫的哪个或者哪几个部位上去，这个逻辑听起来非常荒谬。如若不然，砂泥蜂及其后代依然要靠运气生存下去，这种可能性几乎为零。

砂泥蜂的祖先到底是如何将这种捕食猎物的手术技法一
代代遗传下来，确实很神奇。

砂泥蜂始祖最初成功捕猎黄地老虎幼虫的行为是偶然的，这种偶然通过遗传而成了下一代砂泥蜂的天赋技能，这种说法就好像屠夫的儿子天生会杀牛一样荒谬。屠夫能杀死牛并不是一个偶然现象，那是他不断学习、不断思考的结果，从来都没有什么天生的屠夫。

如果现在你仍然认为本能是所谓的既得的习惯，且在遗传中不断完善。我要反问你，为什么高度进化的人类不具有这种能力？要知道一只虫子都可以把自己的技巧遗传给后代，人类却不能，大自然对万物之灵也未免太苛刻了！所以，对于那些关于本能的现代理论，恕我无法接受。

第二章

建筑师

——黑胡蜂

昆虫档案

昆 虫 名：黑胡蜂

身世背景：分布于世界各地，是秋季山区蜜蜂的重要天敌之一

生活习性：从不为吃发愁，可以随时调整食谱，偏爱吃身材娇小的昆虫

绝 技：拥有精巧的手艺，修建住所时有建筑师般的设计能力

武 器：螫针

 黑胡蜂的房子

　　我的住所附近有两种黑胡蜂，一种叫点形黑胡蜂，大概有半寸长；一种叫阿美德黑胡蜂，大概有一寸长。黑胡蜂的外形和胡蜂差不多，一般都是黑黄色的。它有着纤细的柳腰，步态总是那么轻盈。只在休息的时候，才将翅膀横折成两半，一般都是平展着的。它的腹部简直就是一个化学实验室，一块块凸起的部分，就像是一个个蒸馏瓶。胸部和头部间的脖子细得像根丝，中间却鼓起来，像只梨。它总是无声无息地独来独往。

　　这两种黑胡蜂都是杰出的建筑师，它们建造的房子简直就是一件艺术品。然而，它们并不是艺术家，而是凶残的膜翅目昆虫，用各种昆虫的幼虫来喂养自己的后代。它们和毛刺砂泥蜂有很大的不同，本能表现各异，绝不会单恋一种食物，更愿意尝试各种不同种类的猎物。黑胡蜂必将使我们耳目一新，更不用说光是它建造的窝就令人着迷了。

黑胡蜂有着超凡的建筑才能，它们在建造自己的窝时充分发挥了这种才能。

阿美德黑胡蜂要建造坚固的房子，需要开采砾石，砾石的质量和形状也有很大不同。

膜翅目昆虫的捕猎技术都非常高超，其精湛的手术手法更是让人叫绝。与之相比，它们在建造房屋方面的天赋就不如人意了。它们的家一般包括一条走廊、一个洞穴和一个简陋不堪的巢穴，平庸而粗糙。绝大多数膜翅目昆虫给人的印象是，力量有余，艺术感不足，然而黑胡蜂却是另类。黑胡蜂是真正的建筑师，它们捕猎和建造房屋交替进行，两不耽误；它们总是选择在露天的环境下建造自己的房子，岩石上、树枝上都是绝佳的建筑地点，建筑的房屋都是砌石和灰浆的构件。

如果你从一个阳光充足的南向的围墙前经过，不妨停下脚步仔细观察一下身边没有灰泥层的石头，特别是那些高出地面不多且吸收了大量阳光热量的岩石，幸运的话，你能从中找到阿美德黑胡蜂的房子。阿美德黑胡蜂来自非洲，独来独往，在这里非常罕见，它们偏爱阳光充足的地方，喜欢在坚固的、牢靠的岩石或者石头上建造自己的房屋。当然，如果条件不允许，它们也会退而求其次在普通的卵石上建窝，这种情况比较少见。

相较而言，点形黑胡蜂就比较常见了，它们选择建造房屋的地点也很随意，石头上、墙上、细小的树枝上，都无所谓，甚至连蜂房的支座是否坚固都毫不在意。至于主体建筑的形态，对于点形黑胡蜂来说根本就不重要，就算是住在四处透风的地方它们也甘之若饴。

阿美德黑胡蜂可以在光洁的水平表面上也可以在垂直的平面上建造自己的巢穴。在水平表面上建造的巢穴有着规则的圆形屋顶，拱顶就像一只球状的帽子，在巢穴的最高处，阿美德黑胡蜂会开一个仅够自己通过的狭窄的通道，还在上面加上一个漂亮的细颈口；在垂直表面上建造的房子，依然有个圆形的屋顶，不过那个用来让自己通行的通道以及细颈口修建在巢穴的侧面，也就是靠近上部的位置。巢穴的直径大概2.5厘米，高2厘米，巢穴就建在光洁的石头上，那天然就是上乘的地板，没必要再做加工。

建筑师阿美德黑胡蜂的建筑工作始于选址，一旦选定了地点，它就用小石子和泥灰建起一圈3毫米厚的围墙。材料就在人来人往的山间小路或者附近公路上选取，毫不避人，让我们可以尽情观赏它高超的挖掘技术。为了使巢穴能历经风吹雨打而屹立不倒，它会用自己的口水浸湿收集来的泥粉，调和成泥灰浆，这种泥灰浆可以快速凝固，并有防水的功能。泥粉必须是最干燥的，因为含有水分的泥粉不能很好地吸收它具有黏合作用的口水，为此它绝对不采用受潮会开裂的石膏。阿美德黑胡蜂可不想在搬运材料的过程中耗费太多力气，公路边是最佳的材料产地，足以让它制造出品质一流的"水泥"，因此它就把巢穴建在大路旁。

对于自己的窝，黑胡蜂总是精
工细作，值得好好来研究一下。

要建造牢固的巢穴，光有一流的"水泥"还不行，还必须有砾石。上佳的砾石应该是梨籽一般大小，表面光滑圆溜的。阿美德黑胡蜂会就近选材，幸运的话，它能挑选到光滑而半透明的小石英粒。它的大颚就是天生的"圆规"，能准确地测量出砾石的规格，帮助它把大小和硬度合适的砾石运回去。

之前我们提到，阿美德黑胡蜂会首先用泥灰筑起一个围墙，它会赶在泥灰凝固之前，把砾石镶进围墙里去。在镶嵌砾石的时候，它会把砾石的大部分凸在围墙外，以保证围墙内壁的平整，让幼虫住得舒服。此后，这个高明的"建筑师"会不断浇灌灰浆，每盖一层都会尽快镶进砾石。随着工程的进展，建筑的顶部不断向内弯曲，巢穴的顶部渐渐成为一个球形。不得不说，阿美德黑胡蜂绝对是个技艺高超的建筑师，它不用借助任何工具就可以完成圆形的屋顶，而人类要完成类似的工程必须借助大量的脚手架。

最后，它会在巢穴的最高处开一个圆孔，圆口外用纯水泥制造一个出口。它会在巢穴内保存足够的食物，产下卵后，就会用水泥封住出口，当然不会忘了在封口处镶上一颗砾石。这个巢穴非常坚固，不仅风吹雨打

黑胡蜂在建造自己的窝时，总是考虑得相当周到。它的窝既能遮风挡雨，又非常漂亮。

黑胡蜂就像是鸟类中的浅黄胸大亭鸟，它们在建造自己的窝时，将美观与实用很好地结合在了一起。

奈何不了它，就算我们用手指也压不坏它，用刀可以把它撬起来，但也休想把它切碎。巢穴外形就像一个乳房，而墙壁上密密麻麻的砾石，则让人想起古代的某些坟头。

一个独立的蜂房有着对称之美，然而黑胡蜂往往并不仅仅建造一个蜂房，它会在第一个圆屋顶之上再往上建，一直建五六层之多，甚至更多。诚然这样建造可以省许多力气，但是总体来看就像是一堆带着小石子的干土了。只要你仔细看，还是能看出这堆不成形的干土里有着一间间明显区别开来的房间，每个房顶都有一个镶嵌了小石子的水泥塞子。

高墙石蜂盖房子和阿美德黑胡蜂大同小异，但是它把砾石镶嵌在墙壁的内层。它首先会盖一个塔形的房子，虽然粗糙却也别致，然后再联排盖一片蜂房，远远看上去就像一堆土而已，没有什么建筑规则。最后，它还会在这一堆蜂房上抹上一层厚水泥，把房屋整个儿包起来。阿美德黑胡蜂建造的蜂房足够坚固，并不需要用高墙石蜂的笨方法来保护房子。阿美德黑胡蜂和高墙石蜂各自建筑的巢穴，虽然建筑材料都是一样的，外观却明显不同。

或许，在黑胡蜂的眼里，自己创造的圆屋顶蜂房就是一件艺术品，怎么能让灰浆把它包裹住呢？它应该会用欣慰的眼光来端详自己的作品，会忍不住洋洋自得吧！它不应该为自己的智慧和勤劳而感到骄傲吗，难道昆虫就没有审美吗？在我看来，黑胡蜂就是想把自己的巢穴建造得漂漂亮亮的。如若不然，只要把巢穴修建得结实就好了，为何在美观上精益求精呢？

让我们来仔细看看吧。蜂房顶上的开口可不是一个普通的洞而已，那根本就是一个精心制作的门，造型像个弧形双耳尖底瓮，就像是陶瓷工匠精心制作的一样。要制作这样一个出口，必须要有精细的手工和上等的水泥，如果只是修建一个遮风挡雨的住所，何必这么讲究呢？

墙壁上镶嵌的砾石是石英粒，石英粒表面光滑，半透明且有点反光，非常适合观赏。要知道，在蜂房的附近，遍地都是黯淡无光却很坚固的小砾石，黑胡蜂为什么偏偏要选好看的石英石呢？

更令人惊讶的是，蜂房的圆拱顶上还镶嵌了几个被太阳晒得发白的蜗牛壳。蜗牛壳是黑胡蜂精心挑选的，是干燥的斜坡上众多蜗牛壳中最小的，且上面有着条纹。对于蜂房来说，蜗牛壳不是必需的，它能起到的作用和砾石差不多，但是有了蜗牛壳，蜂房的外表看上去就成了一个精妙的贝壳匣。

有些动物天生是爱美的，比如某些鸟类。以浅黄胸大亭鸟为例，它们用树枝为自己编造了一个木屋别墅，在门槛上放着各处找来的光滑的、闪亮的东西作为装饰。此外，它们往往还有一个珍品屋，里面收藏着色彩鲜艳贝壳、闪亮的石头、鹦鹉羽毛、蜗牛壳、象牙棒一样的骨头等物品。这些东西对于浅黄胸大亭鸟来说，毫无使用价值，珍藏它们完全是为了享受美好。人们往往有这样的经验：烟斗杆、碎布、金属纽扣等小玩意不翼而飞了，四处都找不到，最后在鸟窝里找到了。不得不说，浅黄胸大亭鸟就是一个收藏家，它的每一个门框都用自己的藏品来装饰。喜鹊和浅黄胸大亭鸟一样，凡是闪闪发光的东西，它都视若珍宝。黑胡蜂就是昆虫里的浅黄胸大亭鸟，它的审美甚至更胜一筹，它不仅寻找漂亮的东西，更用这些东西建造一个更为精致的巢穴。它对材料的选择是苛刻的，如果能找到半粒石英石，绝对不会要普通的砾石；如果能找到白色的小贝壳，立即就会用在自己的房子上；如果能找到足够的蜗牛壳，它就能给自己的巢穴镶满蜗牛壳。黑胡蜂纯粹要让自己的巢穴美轮美奂吗，还是有其他的目的？谁能说清楚呢？

点形黑胡蜂的窝跟中等的樱桃差不多大小，用纯水泥建造，在表面找不到一粒小石子，其外形跟阿美德黑胡蜂的窝完全一样。如果这窝建在非常宽敞的水平地基上，那么圆屋顶的正中央就会建有细颈、瓮的出口处和喇叭口。

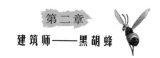
但如果支座是一个点或者一条线，如在灌木树枝上，那么窝就会呈圆形胶囊状，当然上面总会有一条细颈。它不厚，如一张纸的厚度，因此用手指稍微一压就可以把它弄碎。窝的外部有些不平，上面有几条细带，是灰浆一层层覆盖后所留下的；有些也会像结节般突出，这些结节总是分布在中心处。

从外形上来看，点形黑胡蜂的巢穴和阿美德黑胡蜂的巢穴完全一样，只不过它是用纯水泥打造的，外表找不到一粒小石子。点形黑胡蜂的巢穴要么建造在宽敞在水平地基上，要么建造在灌木的树枝上。建造在水平地基上的巢穴，圆屋顶的中央会有一个细颈和一个出口；如果是在灌木树枝上，巢穴就呈椭圆形胶囊状，当然细颈也是少不了的。点形黑胡蜂的巢穴墙壁很薄，用手指轻轻一压就可以把它弄碎。外表很粗糙，坑洼不平，涂抹泥浆的时候，在墙壁上留下了许多细带；一些巢穴的中心，还有丑陋的结节凸出来。相较而言，点形黑胡蜂的建筑才能明显不如阿美德黑胡蜂。

舌尖上的蜂房

这一部分，让我们来揭秘黑胡蜂的食谱吧。黑胡蜂的蜂房里堆满了食物——其他昆虫的幼虫。黑胡蜂从不为吃发愁，它们可以根据时间和地

黑胡蜂的主要食物就是小蝴蝶的幼虫。

点，随时调整自己的菜谱。一般而言，它们更偏爱个头小的幼虫，小蝴蝶的幼虫是它们的最爱。这种幼虫的前三个体节上长着胸足，下面两个体节上无足，再下面四个体节上带着腹足，其后的两个体节上无足，最末端的体节带着臀足。幼虫的身体结构和砂泥蜂最爱的黄地老虎幼虫一样。

25 年前，我在笔记本上记下了在阿美德黑胡蜂巢穴里发现的作为食物的幼虫的外形特征：身体大多是淡绿色的，极个别是淡黄色的，身上有白色的短毛；胸节比头窄，色黑且无光泽，有毛；体长 16~18 毫米，3 毫米宽。25 年后的今天，我在阿美德黑胡蜂的窝里发现的幼虫仍然具备以上特征，看来，哪怕是时间过去了那么久，地点也变了，黑胡蜂的口味倒是一直没变。

我见过一只另类的黑胡蜂，只此一例。我在这只黑胡蜂的窝里发现了一只特别的幼虫，这只幼虫也是淡绿色的，身长 15 毫米，体宽 2.5 毫米，但是只有第九和第十三体节上长着两对假腿，从前到后，身体逐渐变细，体节之间的膜呈收紧状态。用放大镜观察，可以在幼虫身体上看到淡黑色的细花纹和稀少而纤细的体毛。这是只法尺蠖幼虫。

点形黑胡蜂也是一根筋，它们的食物普遍具有以下特点：身长 7 毫米，体宽 1.3 毫米，身体从前到后逐渐变细，体节之间的膜也呈收紧状态，颜

在阿美德黑胡蜂的窝里，储存的食物数量有很大的不同，这也许跟黑胡蜂幼虫的雌雄食量差异有着很大的关系。

黑胡蜂妈妈常常会为自己的幼虫准备非常充足的食物，因此非常忙碌。

色是谈绿色。仔细观察，幼虫的头部有棕色的斑点，头部比体节窄；身体中间部位的体节上有两排黑点，黑点上有各有一根黑色细毛，以黑点为中心扩散出苍白色的乳晕，乳晕和黑点组成的图案就像是眼睛。在第三、第四和倒数第二个体节上，每个乳晕上都有两根黑毛和两个黑点。

点形黑胡蜂中也有另类，我的笔记中记载了两例。这与众不同的幼虫是这样的：淡黄色的，身体上有五条砖红色的纵条纹，有几根稀疏的细毛，头部和胸前是棕色的且有光泽，长度和宽度没变。

我发现，不同的阿美德黑胡蜂的窝里储存的食物量有很大的不同，有的只存放了 5 只幼虫，有的存放了 10 只幼虫，差距居然有一倍之多。为什么会这样的，按理说，幼虫的食量是差不多的。后来，我想到，昆虫的幼虫在发育完成后，雌性的食量往往比雄性的食量大一倍。从这个角度来看，储存食物比较少的蜂房是雄性的蜂房，食物量多一倍的蜂房是雌性的蜂房。

但是，黑胡蜂一般是找好食物后才开始产卵的，难道母黑胡蜂能提前知道自己将要产下的卵的性别吗？这真是一个人类无法想象的奇妙的能力，帮助黑胡蜂提前为将要出生的宝宝储备食物。在砂泥蜂部分，我曾苦于解释其捕猎的能力，对于黑胡蜂的这一能力，又该如何解释呢？还能用"偶然"来解释吗？

为了进行试验，我常常需要拆开阿美德黑胡蜂的窝，以此来获得幼虫并进行观察，然而它们的窝相当坚固，打开并不是一件容易的事情。

　　我决定做两只点形黑胡蜂幼虫的养父了。这两个幼虫的蜂房里都塞满了食物，其中一个蜂房里有 14 只幼虫，另一个蜂房里只有 6 个幼虫。我只能猜测，前者是雌性黑胡蜂的蜂房，而后者是雄性的。这些食物，都是它们的母亲为它们准备的，如今我要把蜂房搬到我的家中。对于我来说，做它们的养父并不是一件困难的事情，我之前就曾收养过砂泥蜂、飞蝗泥蜂、泥蜂和其他许多昆虫的幼虫，从未失手过。首先，我要准备好一个旧的毛笔盒，在盒子的底部铺上一层细沙，盒子就是房间，而沙子则是床；然后我小心翼翼地把幼虫和食物从它们母亲搭建的蜂房里搬出来，放到我建造的房间里。这种事情对于我老说是轻车熟路，万无一失，我觉得这次饲养黑胡蜂也不在话下。

　　我竟然失败了，我精心准备的食物根本不能引起黑胡蜂幼虫的兴趣，它们活活饿死了！我为什么会失败，我想原因大概是：第一，我拆蜂房的时候，从蜂房上掉落的碎片可能伤害到了幼虫；第二，当它们从黑暗潮湿的蜂房里被搬出来的时候，强烈的阳光可能伤害到了它，且干燥的环境或许让它们体内的湿气蒸发了。我决定继续我的实验，这一次我异常小心地打开蜂房，拿出幼虫的时候注意用自己的身体遮挡住阳光，然后迅速把幼虫和食物放进密封良好的玻璃管里，再把玻璃管放到盒子里。我如此试验了好几次，每一次都以失败而告终。

　　收养阿美德黑胡蜂幼虫的实验同样以失败告终，我觉得问题还是出

在搬家的环节。阿美德黑胡蜂的蜂房异常坚固，我只能靠硬砸来打开它，我坚信是这个环节重伤了幼虫。很长时间以来，我都将失败原因归咎于此。

某一天，我突然想到了其他的可能性。黑胡蜂的窝里堆满了猎物，这些猎物被麻醉了，但是它们并没有死。如果有东西碰到猎物的嘴，它们当然会下意识地咬住，我用针刺猎物的尾部，尾部依然可以扭动。对于黑胡蜂的幼虫来说，蜂房一方面是天堂，因为有享用不尽的美食；一方面是地狱，因为有数张大嘴可能咬死自己，有一百多条腿可能把自己撕裂。有鉴于此，黑胡蜂母亲会把自己的宝宝安置在蜂房的什么位置呢？怎么保证这个位置是绝对安全的呢？

毛刺砂泥蜂幼虫的食物只有一条黄地老虎幼虫，毛刺砂泥蜂母亲只需把卵产在猎物身上安全的部位就可以了，这不难做到。可是黑胡蜂幼虫要面对的是好几只猎物，情况就变得非常复杂了。如果寄生在其中一只猎物身上，它吃了这只猎物很容易，但是吃完这只，再去吃其他猎物就很危险了，这些猎物还具有反抗能力，足以把幼虫从自己身上抖落，并将其置于自己的攻击范围之内。黑胡蜂母亲到底是如何保证自己的幼虫的安全的呢？

毛刺泥蜂把卵产在黄地老虎幼虫的
背上，尽量使卵更安全。

黑胡蜂的卵是透明的椭圆体，非常娇嫩，哪怕是轻微的挤压和触碰都足以让它毁灭。因此黑胡蜂母亲一定是做了什么事情，否则它的宝宝难逃厄运。

我有必要再次强调，黑胡蜂的猎物绝非没有抵抗力，它只是被麻醉了，局部仍有活动能力。所以，为了保证宝宝的安全，黑胡蜂决不能把卵产在猎物堆里。我曾在一个黑胡蜂的巢穴里发现了一只化成蛹的猎物，这说明猎物在被黑胡蜂动手术之后仍然完成了身体发育。我不知道黑胡蜂到底对猎物做了什么样的手术，它肯定是用到了螫针，但是刺在猎物的什么位置，刺了几针，就不得而知了。我想黑胡蜂一定是没有对猎物注入太多的麻醉剂，因为猎物还可以蜕皮成蛹。如此看来，黑胡蜂的卵如何躲避了危险，就成了一个令人着迷的秘密。

我是如此渴望解开这个谜题，甘愿冒着烈日，花费大量时间，克服种种困难撬壁凿岩去发掘稀有的黑胡蜂的巢穴，即便如此，找到的巢穴大多不能为我所用。但是，不论是什么样的困难，都不能阻挡我探索的脚步。苍天不负有心人，我终于找到了答案。

我选好了阿美德黑胡蜂和点形黑胡蜂的巢穴各一个，作为观察对象。以前我总是直接从巢穴的顶部开凿，这一次我决定从侧面凿。我用刀尖和镊子小心翼翼地开了一个口，这个口很小，刚刚能满足我观察的需求。我

黑胡蜂一般不会对猎物注入过多的麻醉剂，就把猎物带回窝里，而卵是如何逃避这种危险的确实值得探究。

黑胡蜂的卵并不是产在食物上，而是由一根如蜘蛛网似的细丝悬挂在圆屋顶上。

看到了我想看到的一切，但是我想先卖个关子，让你们先来猜猜答案。人类的想象力是伟大的，思考的过程充满了乐趣。好了，你们想好了吗，让我们来揭开谜底吧！

我之前的设想全是错的，黑胡蜂的卵并非置身于猎物之中，它是倒挂在圆屋顶之上的！链接卵和屋顶的是一根细丝，风一吹过，娇嫩的卵就随风摇摆，而下面就是危险的猎物。

我调整了一下蜂房上的观察口，静待好戏上演。现在幼虫已经羽化了，它的尾巴倒挂在圆屋顶上，原有的细线上又加了一条细线，如今细线变长了，幼虫接近了猎物，看，幼虫开始进食了。幼虫很聪明，专挑猎物最柔嫩的部位下嘴。出于好奇，我用麦秆轻轻地碰了一下猎物，猎物立即有了反应，猛地动弹起来。哈！好戏来了，幼虫迅速向上弹起，从猎物堆里脱身了！我本以为那多出的一条细线是用来装饰的，其实是幼虫往上攀登的工具，它就是借助这条细线而从容进退的。幼虫羽化之后的卵壳如今变成了一个套子，变成了幼虫完美的避难所，一有风吹草动，幼虫便立即钻进这个套子，借助细线不断退回天花板上，猎物的攻击范围是无法达到天花板的位置的。风平浪静之后，幼虫从套子里钻出来，继续进食，时刻保持警惕，随时准备撤退。

靠着猎物的滋养，幼虫渐渐成长起来，终于变成了健壮的成虫。是时候为这个宴席画上句号了。猎物已经很长时间没有进食了，反抗虚弱不堪，已经不足以威胁幼虫了。于是，幼虫扔掉了逃跑的工具，直接冲进猎物堆里，大吃大喝起来，风卷残云般把猎物吃了个一干二净。

这就是蜂房里的秘密了，你一定大吃一惊吧！现在知道我之前为什么失败了吧，我把幼虫直接扔进猎物堆，正是置它们于死地呀！谜底打开了，聪明的你是否想到了比黑胡蜂更巧妙的办法了呢？如果你有更好的办法，你就可以做我的老师了。

在昆虫的世界里，每种昆虫都有自己的生存之道，黑胡蜂也不例外。

第三章

识途的石蜂

昆虫档案

昆 虫 名：石蜂

身世背景：生活在埃特拉地区，其他地方也
有分布

喜　　好：喜欢生活在安全性好、阳光充足
的地方，会采用优质的矿脉建窝

绝　　技：弱小的它能采集坚硬的石粒

武　　器：天生具有三根毒螯针

食　　物：花粉

石蜂的指南针

　　达尔文读了《昆虫记》第一卷，他说其中有一个问题让他印象深刻，就是石蜂在离开家很远的距离后仍然能找到回家的路，他不知道到底是什么在指引石蜂回家？石蜂的体内存有指南针？为了解开这个问题，他曾想在鸽子身上做试验，这个试验被其他的事情耽搁了。我想这个试验可以在昆虫的身上做试验，虽然昆虫不是鸟，但是问题应该是一样的。

　　达尔文建议我采取这样的试验步骤：先设定一个最终的目的地，然后把石蜂装在一个纸袋里，把纸袋放到距离最终目的地相反方向的一百步处，再把它们放在一个有转轴的圆盒里旋转，最后再往回走，回到最终目的地。

　　我认为这个设计非常聪明，能快速破坏掉石蜂的方向感。试想，如果我拿着装有石蜂的纸袋一直往东走，哪怕我走出去几公里，石蜂依然会感觉到方向，很容易就能找到回家的路。如果我走出去一段后，不停地旋转石蜂，而且是不断交替方向地旋转，就会使石蜂迷失方向，然后当我再往东走的时候，它们会以为是往西走。这时，我再它们放出来，它们将很难找到回家的路。

石蜂喜欢生活在安全性好，阳光充足的地方。

为了研究，法布尔将石蜂
带回家里，门廊成了它们
穿梭的地方。

　　法维埃认为这个方法可行，他说：如果一个人想把猫带到一个新的地方，他会把猫装进一个袋子，在出发之前使劲旋转袋子，这样到达目的地后，猫再也找不到原来的家了。此外，还有许多人向我建议了一些类似的方法。我把这些情况告诉了达尔文，达尔文为这些农民的经验所体现出来的智慧而赞叹不已。以上种种让我对接下来的试验充满了信心。

　　法维埃不愧是我的得力助手，他想尽办法帮我找到了理想的石蜂窝。现在，该由我准备来接待客人了，我需要找到一张瓦片，让这张瓦片成为最佳的客房，让石蜂们有宾至如归的感觉。当然，瓦片应放在有利于我观察的位置上。

　　我选定的位置是花坛附近的门廊，门廊的两侧都有阳光照进来，而门廊的尽头是背阴的。我把阳光留给了客人，自己则躲在阴暗里。我把几片瓦片用粗铁丝挂在墙壁上，高度与我的眼睛平行，石蜂的窝被我分为左右两半。

　　时间是四月末，石蜂们开始忙碌起来了，它们在门廊里飞来飞去。我的这一安排遭到了家人的抗议，因为门廊的尽头是个储藏室，他们要去储藏室拿东西就必须穿过蜂群，他们很担心被石蜂蜇到，以至于根本不敢过去。我向他们保证他们的担心完全是多余的，我的客人——石蜂，绝不会主动发起攻击的，除非你骚扰它们。为了证明我说的话，我曾主动把我的脸靠近蜂群，用手指在蜂群里伸进伸出，甚至把我的手掌借给几只石蜂歇脚，它们从没有伤害过我。我用自己的身体力行，告诉家人，石蜂是没有恶意的，任由它们飞来飞去就好了。

家里人将信将疑地尝试着在门廊里来回走了几次，果然没有发生意外。之后，他们彻底放心了，不仅不再害怕石蜂，有时还会饶有兴趣地去观察石蜂们建造自己精妙的建筑。这个小秘密，一般人我还不告诉他呢，我只说石蜂们之所以不蜇我，是因为我是它们的熟人。

做试验的时机到了。首先，我需要对参加试验的石蜂做个记号，以便我能辨认出它们来。做记号的材料，是我用色粉和稀释的阿拉伯树胶混合制成的。我会给不同的试验对象标上不同的颜色，以便我能将它们区分开来。

初次做试验的时候，我选择在释放石蜂的地点给它们做记号。为此，我把它们一个一个地揪出来做记号，这使我付出了惨痛的代价，每一次都挨蜇，石蜂们也是伤痕累累。我总结了以下教训，一旦石蜂们离开了家，我就不能再碰它们了，更不能直接用手抓。在第二次试验的时候，我改进了方法。

石蜂在花间飞舞，它们并没意识到已经成了试验对象，并被做了记号。

石蜂一心扑在自己的工作上，但是忙碌过后，
它们就会寻找回窝的路。

　　我趁石蜂在家里辛勤工作的时候，用麦秆蘸上色胶在石蜂的腹部轻轻地点一下，留下记号，此时石蜂们正专心于工作，顾不上搭理我。石蜂会继续带着我的记号不断采集花粉，再飞回蜂房，当它们身上的记号干了以后，我就开始行动了。此时，还是不能用手去抓它们，而是要用一个玻璃试管罩住它们，然后迅速把它们转移到纸袋里，最后放进白铁盒里。到了要释放它们的时候，我只需打开铁盒和纸袋就行了，不必用手去触碰它们。

　　试验中还有一个需要注意的问题，就是设定好试验的时间。要知道，石蜂身上的记号不可能一直存在，记号是点在石蜂的毛上的，石蜂是个爱干净的昆虫，它习惯于掸掸自己身上的尘土，还会经常刷自己的背部，那个记号经受不了石蜂的几次掸和刷。因此，我不能指望那个记号能长期保存。以我的能力，我只能记录当天返回的石蜂的数目，此后返回的石蜂若是身上的记号消失了，我也无法辨认它们。

　　接下来，我要开始让参与试验的石蜂们旋转了。达尔文提到的那个旋转装置，我没有条件制作，只能借用乡亲们的经验，在装有石蜂的白铁盒上系一根线，然后旋转铁盒。至于旋转的速度和方向，我可以随心所欲。

我可以交替方向旋转，可以忽快忽慢地旋转，可以在空中画着8字，还可以金鸡独立旋转自己的身体。

正式试验开始的日子是1888年5月2日，试验对象是10只石蜂。我按照之前介绍的方法，给这些石蜂做了记号，然后把它们运到与目的地方向相反的半公里处。我到了农舍附近的一条小路上，在小路尽头的十字架旁停下了脚步，然后开始用各种方法旋转石蜂。

当我觉得旋转已经足够让石蜂迷失方向的时候，我停下来，掉头往西走，向着目的地进发。在路上，我一边走一边旋转白铁盒。到了目的地，我第三次旋转了白铁盒。

释放的地点是一块平地，这里只有零星的几棵栗子树和巴旦杏树，地上有许多石头。我走直线到达这里大概用了半个多小时，走了差不多3公里的路程。接着，我面向南方坐了下来，让石蜂自由地选择方向。下午2点15分，我打开纸袋放飞了它们。它们没有立即上路，绕着我转了几圈后才飞走。它们选择的方向正是荒石园的方向。

这次被试验的石蜂被带到多石的平原尽头，一只做了记号的石蜂正飞向荒草园的方向。

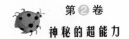
次日，我进行了第二次试验。这一次我在试验对象身上做了红色的标记，以便和昨天的试验对象们区分开来。具体的步骤也和昨天的试验大同小异，只是在路上的时候没有旋转，仅仅是在出发时和到达的时候旋转了。11 点 15 分，我释放了石蜂，5 分钟之后安多尼娅发现了第一只回到家的石蜂。当我回到家的时候，又有 3 只石蜂飞了回来，之后再也没有返回的石蜂了。这次试验，10 只石蜂回来了 4 只。

第三次试验安排在 5 月 4 日，这天万里无云，天气炎热，试验对象是 50 只带有蓝色记号的石蜂。试验的过程仍然是大同小异，我在试验过程中增加了旋转的次数，出发的时候旋转了一次，路上旋转了三次，在释放地又旋转了一次。如果这一次石蜂仍然能找到回家的路，就说明旋转的次数并非至关重要的影响因素。9 点 20 分的时候，我开了纸袋，石蜂们先是尽情享受一番日光浴，接着就飞了起来。其中有几只迅速向我的左边飞去——回家的正确方向，消失在远方；有两三只向我的右方飞去，也就是往西边飞去；还有少数几只飞向了南方，没有往北方飞行的。9 点 40 分，释放环节结束，有 1 只石蜂身上的记号在纸袋里时就没有了，有效参与试验的石蜂共计 49 只。

场所的变化并不能阻止石蜂的回窝，一只石蜂正在林中空地寻找正确的方向。

根据安多尼娅的观察，9点35分的时候，第一批石蜂成功回到了家里。到了中午，一共有11只石蜂回来了，下午4点的时候，成功回家的石蜂数目增加到了17只。下午4点是此次试验结束的时间，至此49只石蜂有17只回来了。

5月14日，天气晴朗，有微微的北风，第四次试验如期举行。早上8点，我带着20只标有玫瑰红记号的石蜂上路了，上路之前进行了第一次旋转，赶往释放地的路上又进行了两次旋转，释放之前又进行了一次旋转。这一次，冲出纸袋的石蜂没有围着我转，大多数飞了几米停下休息了一会儿，少数几只径直往荒石园的方向飞去了。9点45分，我回到了家，发现蜂房里只有2只带有玫瑰红标记的石蜂；下午1点，成功完成此次试验的石蜂增加到了7只。之后就没有了。这次试验，20只石蜂回来了7只。

试验的次数已经够多了，足以说明一些问题了，我和达尔文的想法没有得到验证，乡亲们的土办法看来也并不是有效的，至少对于石蜂来说是这样的。试验说明，我在行走过程中几次调转方向以及增加旋转次数都没有阻止石蜂回家的脚步，大概30%到40%的石蜂当天就返回了蜂房。

1889年，我重启了试验，这一次我给石蜂们增加了难度。此外，我还给自己找了一个目光敏锐的助手，以帮助我观察石蜂到底是怎么飞回家的，这个助手是一个回家探亲的学药剂学的学生。以前的试验，我是在平地上释放石蜂的，这一次我把释放地点放在森林深处，让大自然的迷宫来考验石蜂。

5月16日，天气炎热，有凶猛的南风，暴风雨即将来临。天气虽然糟糕，但是试验时间内不会阻碍石蜂飞行。这一次的释放地点较远，我走了一个小时才到达，直线距离有4公里。因为距离的关系，做标记的时候，我采用了第一次试验时的方法——在释放地点做标记，我又被蜇了几次，这样做为我节省了一点时间，所以还是值得的。参加试验的石蜂有40只。

10点20分，我在一块林中的空地上释放了石蜂。之所以选择这块空地，是为了便于观察。蜂窝的位置在南边，也是我背对的方向。石蜂从我

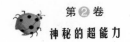

不管是森林山岭的阻隔，还是逆风飞行的困难，
石蜂总是试图找到它的回家路。

指缝间逃脱的时候，需要从我两侧绕过才能找到回家的路。要回到家，它们不仅要逆风飞翔，还要飞过一座超过 100 米的丘陵。

差不多一半石蜂立即踏上了回家的路，另一半懒虫休息了一会儿才上路。我和我的助手，四只眼睛仔细地观察着，确定所有的石蜂都飞向了南方。中午的时候，我才回到了家，一开始并没有发现飞回来的石蜂，几分钟之后看到了 2 只；下午 2 点的时候，共发现了 9 只返回的石蜂。此时，狂风大作，黑云压境，其他的石蜂很难再返回来了。这样算下来，40 只石蜂回来了 9 只，石蜂们的成功率达到了 22%。

这次试验与之前几次试验相比，石蜂的成功率略低。但是排除一些天气的因素，我不得不说，树林和丘陵并没有难倒石蜂。

我决定再为难石蜂一次，这一次我先把石蜂运到远处，然后突然拐一个大弯，从另外一条路到达释放地点，释放地点距离蜂房大概 3 公里。我的助手找来了一辆推车，我们带着 15 只石蜂上路了，拐了一个大弯到达了预定地点。与此同时，法维埃带着另外 15 只石蜂抄近路也赶了过来。现在我们有两组石蜂，一组是我带来的 15 只标有玫瑰红标记的石蜂，一组是法维埃带来的标有蓝色标记的 15 只石蜂。中午的时候，我们同时释放了两组石蜂，接下来我们要来比较这两组石蜂的效率了。

下午 5 点，试验结束，有 7 只带有玫瑰红标志的石蜂和 6 只带有蓝色标记的石蜂回来了。两组石蜂的表现差别不大，这点差别也肯定是由偶然因素造成的。据此，我得出结论，我故意拐的那个大弯并没有让石蜂迷失方向。

综合几次试验的结果，我得承认：旋转、拐弯、树林、丘陵等全都不能扰乱石蜂的方向感，它们总能找到回家的路。我把这个结果写信告诉了达尔文，达尔文非常惊讶，他根本没有想到石蜂的表现如此出色。然后，达尔文又出了一个主意，建议我把石蜂放在一个感应圈里，以干扰它们可能具有的磁灵敏度或者抗磁灵敏度。

我的条件有限，无法用这个方法做试验。达尔文又提供一个更简单且更可靠的方法：先把一根细针磁化，然后把细针切成极短的几段，趁着细针还有磁性的时候，用胶把它粘到石蜂的胸部。在达尔文看来，动物是依赖地磁场找到家的，它们本身就是一个磁棒。把一小段磁针粘在昆虫的胸前，由于这一小段磁针比地磁离昆虫更近，就会影响昆虫，使其辨不清方向。

这个办法很有趣，而且并不困难，我为何不试一下呢？于是，我用一根极细的针摩擦磁棒，使其具备磁性，然后取下针尖 5 到 6 毫米长的部分备用。这时，我的助手把他的药房翻了一个遍，找出了最合适的黏合剂——一种用特别精细的布特制成的橡皮膏。

我把准备好的一些针尖插入和石蜂胸部差不多大小的橡皮膏中。这样一来，我只要稍微烘软橡皮膏，把它贴到石蜂的背上，就可以开始试验了。在此之前，我专门测了针尖的磁极，在一些石蜂身上，针尖的南极是指向头部的；另一部分石蜂身上，针尖的南极则指向尾部。

在正式试验开始之前，我和助手反复演练了实验步骤，以确保试验能够顺利进行。好了，一切准备就绪，试验开始了！有一只石蜂正在专心工作，我趁其不备，一举拿下，迅速给它做了标记，接着就把它拿到书房中来。我把针尖粘到它的胸前，然后释放了它。我刚松开自己的手，它立

一只被用来做试验的石蜂在经过一番挣扎后，还是从窗口逃走了，虽然被磁化的针尖粘在了它的胸部。

即掉到地上，发了疯一样地翻滚，飞起来，又栽下去，不停冲撞各种障碍物也在所不惜，看起来很绝望、很痛苦。忽然，它猛地飞起，从窗口逃走了。

为什么会这样？难道真的是磁针影响了它的神经系统吗，难道磁针干扰了它的方向感，让它感到恐慌了吗？我冲了出去，赶到蜂窝边，看它还能不能找到家。过了一会儿，它飞了回来，胸口的毛上还有粘胶的痕迹，针尖却不见了。

这个试验说明了什么问题？能说明磁针发挥了作用吗？石蜂的疯狂行为是因为被磁针所支配，还是仅仅是不习惯于佩戴磁针？这个试验确定不了任何事情，为了解决这个困惑，我必须趁热打铁再做一个试验。

这一次我用麦秆代替了针尖。结果被粘上麦秆的石蜂同样发起疯来了，它不停地在地上翻滚，盲目地横冲直撞，直到它的胸毛被扯掉、麦秆被摆脱，它才平静下来，飞了出去。原来，石蜂之所以发狂，并非因为磁针干扰它找到回家的路，它只是想摆脱贴在自己胸前的东西而已。

石蜂的智力

接下来我做一个有趣的试验，一个关于石蜂心理学的试验。之所以选择石蜂作为试验对象，主要是因为它们是我的座上宾，而且数量很多，方便我进行系统的试验。

试验之前，我先作一下说明。棚檐石蜂往往在土坯的旧过道建巢，新巢建好后不久，它们就会在新巢的基础上扩建，久而久之蜂房就会越来越厚。一开始，蜂房像个小燕窝，之后逐渐垒起围墙来，最后蜂房就成了一个容器，可以用来储存蜂蜜了。

石蜂不仅是个出色的泥瓦匠，还是一个勤劳的采蜜匠。它往往刚停下手头的建筑工作，就跑出去采蜜了，采了几趟蜜，又回来继续自己的建巢工作，两种工作总是来回切换。当蜂房足够高，能够盛下足够幼虫吃的蜂蜜时，他就该开始下一项工作了。

这一天，石蜂带着一团灰浆回到了家，它四处查看着，以确保自己

石蜂一会儿忙活着采蜜，一会又去运送灰浆，它们总是交替进行着这两项工作。

的建筑成果万无一失。然后，它把自己的肚子塞进蜂房，开始产卵。产完卵后，它用带回来的那团灰浆把蜂房的洞口封上了。对于石蜂来说，产完卵后立即封上洞口是非常必要的，可以防止不怀好意者趁虚而入。因此，如果没有准备好封洞口的灰浆，它是绝不会贸然产卵的。

可见，在正常的情况下，石蜂在自己的工作范围内会作出明确的选择。那么，如果在异常的情况下，它是否还能保持清醒的状态呢？这就是我要做的心理学试验了，我为石蜂准备了两个事故，一个是在它正常工作的时候发生的，一个是在它工作完成后发生的。

针对第一个事故，我做了以下几个试验：

第一个试验：一只石蜂刚盖好了蜂房的第一层，趁它出去找灰浆时候，我用一根针在蜂房的盖子上戳了一个有洞口一半大的缺口。石蜂带着灰浆回来了，灰浆本来是用来建造洞口的盖子的，现在用来修补缺口了，其实差别不大。

第二个试验：此时蜂房还在建设中，渐渐地有了小碗的雏形了，里面还没有储存蜂蜜，我在小碗的底部戳了一个洞。当时石蜂正在忙着建造蜂房，发现了这个洞，立即回身补上了，然后继续自己之前的工作。这种修补工作和它当前的工作是紧密相连的。

一只石蜂正在运送加固蜂房盖子的灰浆。

石蜂在自己的工作，比如采蜜、运送灰浆、修补窝的盖子等中，即使遇到特殊的情况，似乎也常常能作出理智的选择，真的是这样吗？

第三个试验：石蜂已经产了卵，并盖好了盖子。我趁它出去找加固盖子的泥浆时，在盖子的旁边挖了一个大洞。洞开得比较高，不会让蜂蜜流出来。石蜂带着灰浆回来时，立即用本来有其他用途的灰浆修补了洞口。

通过这三个例子，我们能说石蜂具有理智吗？恐怕不能，石蜂只是在做它的本职工作而已，只是对工作中的不足加以完善而已。

为了更好地说明这个问题，我又做了两个试验。其一，石蜂已经建好了蜂房的雏形——一个小碗，我趁石蜂采蜜的时候，在小碗底部戳了一个洞，蜜开始从洞里流了出来；其二，蜂房已经接近竣工，石蜂只在做最后的建造工作，蜂房里已经储存了很多蜜，我同样在蜂房的底部戳了一个洞，让蜜流了出来。

如果石蜂有理智，它应该分得清轻重缓急，蜂房的底部漏了，它应该立即把洞堵上，因为这会威胁到石蜂的生命安全。但是，石蜂并没有这样做，它该采蜜就继续采蜜，该建房就继续建房，对漏洞根本就是视而不见。蜂房建好了，石蜂心满意足地飞走了，开始建下一个蜂房，一直都没有理睬那个流着蜜的洞。过了两三天，蜂房里的蜜流光了，在蜂房的底部留下了一条长长的蜜痕。

是石蜂想不到漏洞的危害吗，还是它面对漏洞无计可施？我想后者

石蜂总是不停地奔波着，
这里就有一只正在采蜜的
石蜂。

的可能性更大，漏洞的边缘沾了许多蜂蜜，而蜂蜜会降低灰浆的黏性，石蜂无法用灰浆堵住漏洞，只能眼睁睁地看着蜜流掉。为了证明这个猜想，我必须再做一个试验。我用镊子取了一点石蜂的灰浆团，用这点灰浆把洞封了起来，没过多久洞就被封死了，蜜流不出来了。看来，石蜂并非不能修补漏洞，压根就不想修补。

　　是不是因为蜜挡住了漏洞，石蜂没有发现呢？我需要再做两个试验来排除这一可能性。第一次试验，我在蜂房下面戳了一个洞，当时蜂房里并没有蜜，石蜂采蜜回来后立即发现了这个洞，马上就用灰浆把洞口堵住了。第二次试验，我又在同一个地方戳了一个洞，当时石蜂刚运回来一些花粉，花粉放进蜂房马上就从洞里掉了下来，石蜂把头伸进蜂房的底部，用触角去检查，它不停地拍打和探测，触角已经探入洞里了，我肯定它已经发现了漏洞。

　　我在洞外，看到了石蜂的触角已经从洞里伸了出来，在洞外颤动着。毫无疑问，它发现了漏洞。然后，它飞走了，是不是去找灰浆来补洞了呢？

我还是想多了，它根本没去补洞。石蜂带着花粉回来，把花粉刷进蜂房，又吐了一些蜜，把蜜和花粉搅拌在一起。蜜浆很稠，把漏洞堵住了，蜂蜜流不下来了。我用卷纸把被蜜浆堵住的洞口再次扒开，让洞再一次露出来。每次石蜂用运回来的粮食堵住了洞口，我都再次扒开洞口。有时候，我趁它出去的时候打扫洞口，有时候就当着它的面打扫洞口。就这样，我和石蜂整整对抗了3个小时。在这期间，石蜂只顾着埋头干活，压根不理睬漏洞，一根筋地想着把蜂房装满。我看着它来来回回32趟，交替做着泥瓦工和采蜜工，一次也没有去堵漏洞。

下午5点，我和石蜂都偃旗息鼓，第二天再继续。次日，我不再清扫破洞了，一任蜂蜜流了个精光。石蜂也不管不顾地产下了卵，封上洞口，宣布大功告成了。自始至终，石蜂压根就没想去修补漏洞，哪怕那只一团灰浆就能搞定的事儿。也许你有疑问，当蜂房里什么都没装的时候，石蜂为什么不去修补漏洞呢？它之前做过这样的事，为什么这次不做了呢？石蜂就是个一根筋，它所有的工作就像一个不可逆转的程序，开始做第二件事的时候就绝不会回头去做第一件事了。当石蜂还在修建

石蜂采蜜回来，总会钻到窝里把蜜吐出，顺便刷掉花粉。

石蜂在不停忙碌的同时，也会注意异物的清理，它们真的
是很勤劳的昆虫。

蜂房的时候，它会把补漏洞当作自己建造过程中的失误，因此会去修补；
当它开始储备蜂蜜的时候，不管发生什么问题，都不会再去修补蜂房了。
石蜂不能改变既定的规则，搬运花粉的时候绝不会再回去搬运灰浆，哪
怕花粉注定要从漏洞里掉出去。那么，当石蜂的身份从采蜜匠切换至泥
瓦匠的时候，它会不会去修补漏洞呢？并不会，它会继续在蜂房的基础
上加盖新的楼层。如果盖新楼层的时候发现了漏洞，它会去修补的，但
是对于早已完工的工程，它是没有兴趣去管的。

　　现在建造的楼层是这样，以后建造的楼层依然如此。只有在建造楼
层的时候，石蜂才会去补漏洞，一旦完工，就置之不理，任由其被毁坏。
我曾在一个装够了蜜浆的蜂房上方开了一个窗口，这个窗口和蜂房的洞口
差不多大。石蜂运着灰浆飞了过来，往蜂房里产了卵，接着就是开始造盖
子，它很细心地修建盖子，修得完美无缺，却任由我开的窗口一直敞着。
它并不是没有发现这个窗口，曾多次来到窗口边缘，甚至把头伸进窗口，
也用触角和嘴探测过窗户的边缘，但是它最终还是没有理会窗口。

　　综上所述，石蜂的智力是有限的，不足以应付突发的偶然事件。我
做的很多试验都可以证实这个结论。

　　接下来，我要再做一个试验，从另一个侧面来检验石蜂的智力。众
所周知，膜翅目昆虫都有点儿洁癖，石蜂当然也不例外，它不会允许自
己的蜜浆里有任何异物的。可是总会有些意外发生，比如自己不小心把
灰浆弄了进去，或者一只苍蝇被蜜浆的香味吸引而掉了进来，或者自己

与其他石蜂打架的时候不小心把灰尘弄了进去。蜜浆是为幼虫准备的，异物的粗粒有可能划伤石蜂幼虫娇嫩的嘴，因此石蜂必须立即把脏东西从蜜浆里清除出来。石蜂确实知道该怎么做。

趁石蜂不在的时候，我往蜜浆里撒了五六根 1 毫米长的麦秆屑。石蜂回来了，看到麦秆屑，它非常惊讶，从没有在蜂房里看到这么多垃圾！它立即着手清理，一根根地把麦秆屑叼出来扔到很远的地方。

石蜂是爱护自己的后代的，那么它对其他石蜂的卵是什么态度呢？我用一个试验来回答这个问题。我把石蜂产的一只卵偷偷地转移到另一只石蜂的蜜浆里，结果那只石蜂对这个从天而降的卵毫不客气，立即将其挑出来扔掉了。在石蜂看来，只有自己的卵是宝贵的，其他石蜂的卵和垃圾无异。这个现象让我产生了新的疑惑，我知道有些寄生虫会偷石蜂的蜜浆喂养自己的孩子，它是怎么做到的呢？如果它径直把卵下在蜜浆上，石蜂一定会发现的，而且会毫不犹豫地把它的卵扔出去。如果它在石蜂产完卵后，才偷偷地把自己的卵混进去，这也是行不通的，因为石蜂产完卵后会立即把蜂房封死。这个问题我现在还没法解答，等以后慢慢研究吧。

石蜂飞过十几米的梧桐树才把麦秆屑扔掉，大概是想把垃圾运到尽可能远的地方。

石蜂采集一团灰浆大概要三到四分钟，然后再用大颚叼着去做盖子。

接着，我把一根二三十厘米长的麦秆插入了蜜浆，麦秆的长度大大超过了蜂房的高度。这可给石蜂添了大麻烦，它用尽了吃奶的力气扇着翅膀从上面拉起麦秆，然后飞过高大的梧桐树，把那根麦秆扔得远远的。

接下来，我要做个稍微复杂一点的试验了。我在前面已经讲了，石蜂在产卵之前，会先带回一团灰浆。它把肚子塞进蜂房产卵，嘴里衔着那团灰浆，产完卵后，立即转身用灰浆封住洞口。我趁它刚产完卵，还没有来得及封上洞口的时候，一把把它拨开，迅速把一根麦秆插进了蜜浆里。麦秆的长度高出蜂房大约 10 厘米，它肯定会威胁到石蜂幼虫的安全。石蜂会怎么做呢？它会把麦秆清除吗？

在前面的试验中，我们已经看到了，石蜂有能力清除麦秆，但是它并没有这样做。它按部就班地制造盖子，封住洞口，麦秆也被裹在灰浆里了。之后，它还来来回回地飞了好几趟，又运来了许多加固盖子的水泥。石蜂细致地用灰浆涂抹洞口，整个过程中它对那根麦秆视若无睹。这个试验，我前后共做了 8 次，每一次都是一样的结果，可见石蜂也就这么点智力了。回过头来看，其实石蜂扔掉灰浆，拔去麦秆，再运回灰浆把洞口封上，所需的时间不过 5 分钟而已，要知道它采一趟蜜要花十几分钟时间呢？可是，石蜂完全无视了这一隐患，按部就班地完成了规定的工作。

还有一个现象值得一提。石蜂建造的蜂房个头都差不多，每个蜂房

里储存的蜜也都差不多，大概占了蜂房容积的 2/3 左右。石蜂是如何判断蜜浆的量已经足够了的呢？如何知道刚刚好存了 2/3 个蜂房容积的蜜浆呢？蜂房里黑漆漆的，如果让人来探测蜜浆的厚度，必需借助某种探测器才行，石蜂仅靠目测就能推断出已有多少蜜浆了吗？如果石蜂有这样的眼力，一定会让我感到佩服的，这是几何学家才会有的眼力。

我找了五个蜂房来做试验，这五个蜂房都到了储备蜜浆的阶段了，储备工作刚刚开始，远未结束。石蜂不断往蜂房里装蜜浆，我则用镊子夹着棉花球不断地把里面的蜜吸出来，有时候我会把蜜吸个干净，有时候会留下薄薄的一层。大多数的时候，我就当着石蜂的面进行抢劫，它们不予理睬，继续自己的工作。有时候，棉花丝粘到墙壁上，石蜂就小心地把棉花丝叼出来远远地扔掉。不久之后，石蜂们先后产了卵，然后把盖子盖上了。

后来，我把 5 个盖好盖子的蜂房都打开了，发现其中一个的卵就产在 3 毫米厚的蜜浆上面，还有两个的卵下面只有 1 毫米厚的蜜浆；其他两个的卵就产在刷在蜂房壁上的一层薄薄的蜜浆上。

很显然，我不应高估石蜂的智商，它们并不是像几何学家一样按照蜜层的高度来判断蜜浆的多少的，它们压根就没有经过任何推算。它们遵循着一种神秘的规则，这一规则指引着它们去采蜜，指引着它们去储备，完成了规则，它们就停止了采蜜，毫不理睬突发的事故，不知道这些突发的事故让它们之前的努力全部化成了泡影。说到底，石蜂没有任何心智，

石蜂一般会根据即将出生的幼虫的需要来储存蜂蜜，不断将蜜运回蜂房。

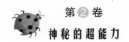
它的一切行为都是遵循一种本能的禀性。在正常的情况下，这一禀性是有效的，但是在被人为干扰的时候，这一禀性就失去了向导作用。倘若石蜂有一丝的理智，它又怎么会把卵产在蜜浆匮乏的地方呢，又怎么会把卵产在什么也没有的蜂房里呢？以上就是我的观察结果，你的结论是什么呢？

石蜂会一直出来采蜜，直到它们认为蜂蜜已经存够了，这也是一种本能吗？

 我和猫的故事

对石蜂的试验开始之前，还记得老乡们给我的建议吗？它们建议我
旋转石蜂，使其失去方向感，理由是用这种方法对付猫效果很好。老乡们
的建议和达尔文的想法非常相似，所以一开始我对这个说法深信不疑。事
实证明，旋转对石蜂根本就没用，于是我便怀疑旋转是否真的能影响猫的
方向感。如果石蜂在旋转之后还能找到回家的路，猫为什么不行呢？

我在阿尔尼翁时，就曾收养了
一只黄色的猫，到后来还逐渐
发展成了一个猫家族。

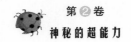
近二十年来，我一直抚养着一个猫家族。当年，我在阿维尼翁收养了一只流浪的小野猫，不久之后，它长大了，成了一只漂亮的雄猫，圆头大脑，腿部肌肉发达，看起来像是一只小号的美洲豹。因为它的毛是棕黄色的，上面带有斑点，所以我们都叫它"小黄"。没过多久，我们又收养了一只小母猫，正好把它们凑成了一对，于是我的身边便有了一个猫的家族，多年来它们一直跟随我东奔西走。

1870年，因为一些原因，我不得不准备搬家。搬家是一件很麻烦的事，再带上猫的话，无疑是雪上加霜。但是我们一致坚持要带上猫们，如果把它们抛弃，任由它们流浪、挨饿甚至是受虐，无异于犯罪。小猫还好说，旅行中它们会安静地趴在篮子里，一点都不碍事，大猫就不同了。我们家有两只大猫，一只是猫家族的老族长，一只是猫家族身强力壮的顶梁柱。我们决定把老族长带走，而把年轻力壮的猫留下来。当然，我们会帮后者安排一个安定的生活。

我的一个朋友——罗里奥尔大夫——愿意收养这只猫。一个夜晚，他拿着带盖子的框来了，把猫装在筐子里带走了。我们全家都为这只猫感到高兴，它终于有了一个好的去处。然而，就在我们准备吃晚饭的时候，一团湿漉漉的东西突然从窗户跳了进来，这团东西跑到我们的脚边，不停地磨蹭身子，嘴里还发出呼噜呼噜的声音。

这团东西就是刚才离开的猫。第二天，我的朋友告诉了我事情的经过。原来，猫被带到罗里奥尔先生的家后，先是被关了起来。面对陌生的环境，这只猫立即发起了疯，它在家具上窜来窜去，在壁炉的装饰品中间跳来跳去，几乎把房间里所有的东西都弄坏了。罗里奥尔太太吓坏了，连忙打开了窗户，猫瞬间就冲了出去。从罗里奥尔大夫的家到我家，它必须穿过大半个城市，还得在人来人往的街道上躲避顽童和小狗的攻击，还得渡过索格河，索格河上有许多座桥，它不愿意绕远路，径直涉水过来了。它选取最短的路径，用最快的速度赶回了家，整个过程只用了几分钟而已。它的遭遇让我们心疼不已，同时也被它对家庭的忠诚所感动，我们决定要尽可

能地把它带走。最终，这件事并没有让我们操心，因为这只猫被人毒死了，我们在花园附件的灌木丛中发现了它的尸体。我不知道是谁毒死了它，肯定不是我的朋友。

我们再来说说那只老猫吧。当我们开始搬家的时候，老猫恰巧去邻居家的阁楼上玩耍了，没能跟我们一起出发。因为家里还有一些东西没有搬完，车夫还得再来搬一次，我便拜托车夫顺便把老猫捎来，并奉上 10 法郎作为报酬。果然，车夫把老猫关在车座下的箱子里给带来了，当我们打开箱子的时候，简直认不出老猫了，它浑身的杂毛直竖起来，眼里布满了血丝，口吐白沫，两只爪子乱抓，说不出的狰狞可怕。我们以为老猫疯了，其实并不是，它只是充满了离开家乡的恐惧。我不知道，车夫抓它的时候，它是否激烈反抗过；也不知道，一路上它经历了怎样的挣扎。我知道的是，它从此以后性情大变，眼睛里流露出可怕的野性，不管我们怎么关心它，都找不回它往日的温顺了。在新的住所，它忧郁地转来转去，几周之后就死在了炉膛的木柴灰上了。我想，年老体衰的它是因为思乡心切而死去的。倘若它还有一些力气，它是否会挣扎着返回阿维尼翁呢？我不知道，但是这种现象值得我们关注。

 一只思念故居的猫

后来，我因为工作的原因需要从奥朗日搬家去塞里昂。此时，猫家族已经完成了更新换代，老猫们都故去了，小猫们长大了，其中有一只刚成年的猫做到了老猫没有做到的事。

搬家的时候，其他的小猫都很乖，唯独这一只成年的雄猫烦躁不已，我们不得不单独把它关在一个笼子里，否则它会把整个猫群搅得不得安宁。猫家族和我们一起上路了，一路上没有出问题。到了新家，小猫们从篮子里走了出来，它们一间间地查看新的居所，用玫瑰色的鼻子去闻家具，努

小猫被装在篮子里带到了新居，它们的目光里满是疑问，带着疑虑环顾四周。

力适应着新的环境。它们认出了一些旧的家具，这让它们感到安心。当它们发现了一些与旧居不一样的地方时，它们不解地叫唤起来，目光里充满了疑惑。于是，我用手不停地安抚它们，给它们一些馅饼，尽量消除它们内心的恐惧感。一天以后，小猫们全都适应了新的环境。

那只成年的雄猫是最难对付的。我们把它关在一个空旷的阁楼里，那里空间很大，足够它玩耍了。我们在它身上花费了大量的精力，不时过来陪陪它，消除它的寂寞感，给它双份的食物，有时还会把其他小猫带过来和它玩耍，希望它能理解：家还在，它并不孤单。我们无微不至的照顾似乎起到了作用，它似乎忘记了奥朗日的故居，当你抚摸它的时候，它是温顺的；当你盯着它看的时候，它会咕噜咕噜地叫唤着，做出各种憨态。成功了！经过一个星期的幽禁，我们觉得它已经打消了返回故居的念头了。于是，我们让它从阁楼上走了下来，加入到小猫的队伍中，在人的监视下，放它去花园散步。它在花园里溜达了一会儿就回到了屋里，至此我们彻底

这只雄猫跟随法布尔一家来到新居后，但它仍然想念着旧居，
还真的自己跑了回去。

放心了。第二天，它消失了，我们找遍了每一个角落，没有发现踪迹。家人们不敢相信它能做出这么大胆的事情来，但是我知道，它回家去了，它到奥朗日去了，它把我们都耍了。我相信，此时它正在奥朗日故居的门口叫唤着。

为了证明我的猜想，我让阿格拉艾和克莱尔返回奥朗日，她们果然在那里找到了它，它果然就在故居门口叫唤着。发现它的时候，它的肚子和腿上沾着许多红土，因为那时天气干燥，一路上并没有什么泥泞的地方。它一定是穿越了埃格河，浑身湿漉漉的，才会在穿过田野的时候沾上红土。从塞里昂到奥朗日直线距离有 7 公里，中间有条埃格河，埃格河上有两座桥，但是需要绕很远才能走到桥边。它等不及了，在本能的驱使下，它选择直线距离最短的路线回家，天性厌恶水的它，居然穿过了河水暴涨的埃格河的激流。可见，为了返回家乡，它简直是无所畏惧，就像当初阿维尼翁的那只雄猫一样。

回来不久，我们又把它关进了阁楼。半个月之后，它被释放了，不到 24 小时，它再次失踪了。这一次，我们不再寻找它了，它忘不了奥朗日的故居，就让它去流浪吧。后来，奥朗日的一个旧邻居告诉我，他在篱笆后面看到过这只猫，它的嘴里叼着一只兔子。它本是被人类收养的猫，过着饮食无忧的生活，如今不得不自己出去觅食了。它不会有好结果的，因为偷吃家禽的动物通常都没有好下场。

事实证明，猫和石蜂一样依恋故土，石蜂会不顾一切地回家，成年的猫也是如此，哪怕路途遥远且充满了艰险。对于猫和石蜂来说，回家就是一种本能。那么，如果把猫装在布袋里旋转，它们是否就找不到回家的路了呢？我想做一个试验来验证这一说法，却一直犹豫不决。因为，当初告诉我旋转布袋这一方法的人本身就是道听途说的，虽然很多人都知道这个方法，但是没有一个人真正尝试过。乡下的人总是这样，他们总是把一

种方法说得万无一失，实际上大多数从没有验证过。他们认为，如果自己被蒙住眼睛旋转，之后就会丧失方向感，动物一定也是这样。把自己的体验套用在动物身上，这种推理方法往往是错的。

只有一直被圈养的小猫没有返回故土的强烈愿望，一杯牛奶就足以让它们忘掉所有的忧伤，不管是否被放在袋子里旋转，它们都不会去寻找自己的故居。我还是决定做一次旋转试验，试验的对象是一只成年猫，一只真正的雄猫。

一些让我信赖的人，信誓旦旦地说用旋转布袋的方法可以阻止猫寻找故居，他们的试验对象一定是小猫，如果是成年雄猫，他们是不可能成功的。我发现了一只经常偷吃池塘里金鱼的猫，就拿它做试验，权当是对它的惩罚。我把它装在布袋里使劲旋转，然后把它从塞里昂带到皮奥朗克扔掉，没过多久它又回到池塘偷吃金鱼了；我又把它带到深山老林的深处扔掉，过了不久，它又回来了。类似的例子，我还有很多。这些例子充分证明：旋转丝毫不会阻碍成年雄猫返回故居。

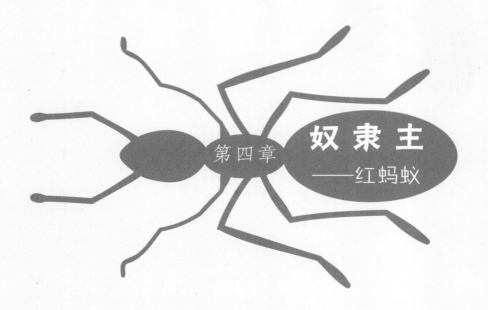

第四章

奴隶主

——红蚂蚁

昆虫档案

昆 虫 名：红蚂蚁、小黄家蚁

英 文 名：Red ant

身世背景：分布在地球上亚热带、热带的潮湿地区

生活习性：懒惰，不愿寻找食物，甚至不愿养育自己的儿女

喜 　 好：喜欢奴役其他昆虫为自己服务

绝 　 技：天生的强盗，打架十分厉害

天生的强盗

通过大量的试验，我发现三叉壁蜂、棚檐石蜂、高墙石蜂和节腹泥蜂都能返回自己的家。我是否可以说所有的昆虫都有返回故居的能力呢？我不能下这个结论，因为我知道例外的情况。

这部分主角是红蚂蚁，红蚂蚁就是蚂蚁界的"奴隶主"，它们不知道养育儿女，不知道寻找食物，甚至放在眼前的食物都不会吃，必须由佣人伺候它们用餐。红蚂蚁唯一要做的事，就是到旁边与自己不同种类的蚁巢中，偷取其他蚂蚁的幼虫，等这些幼虫蜕皮了，就成了它们的佣人。

红蚂蚁劫掠佣人的行径通常发生在炎热的六七月份的午后，我曾多次看到它们浩浩荡荡的出征过程。它们的队伍有五六米长，在发现蚂蚁窝之前，会一直保持着队形。它们并没有明确的目标，就这样散漫地游荡着，带头的蚂蚁一旦发现蚂蚁窝的迹象就会立即停下来，后面的蚂蚁赶上来，然后派出一支侦察队前去打探情况，如果情报出错就继续前进。终于，它们找到了一个黑蚂蚁窝，它们迅速地冲进蚂蚁窝，找到黑蚂蚁蛹的宿舍，很快叼着黑蚂蚁蛹跑了出来。此时，黑蚂蚁赶了回来，它们为了保护自己的后代，立即和红蚂蚁军团展开了搏斗。搏斗过程非常惨烈，触目惊心，

作为奴隶主的红蚂蚁有种特别的习惯，它们出发去一个地方，在返回的时候总是坚定地按照来时的路往回走。

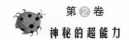

但是寡不敌众，最终的胜利者还是红蚂蚁。这群趾高气扬的强盗就这样抢劫成功了，几乎每一只红蚂蚁都叼着一个黑蚂蚁蛹，急匆匆地打道回府了。

幸运的话，红蚂蚁在离窝几步远的距离就能找到黑蚂蚁窝；不幸运的话，就需要走上几十步甚至上百步。不过，它们从不在乎征途的远近。有一次，我目睹这群奴隶主翻阅四米多高的花园围墙，一直跑到很远的麦田里去了。只要能俘获佣人，它们对路途中的艰险毫无畏惧。

虽然它们不会挑选前进的路线，但是返回的路线却不容更改，一定是原路返回。哪怕是之前绕了很多弯路，哪怕路上有许多坎坷，哪怕换一条路它们会省很多力气，它们都不会更改路线。

一天，我在往池塘里放金鱼的时候，发现了一支红蚂蚁队伍。它们保持着队形，沿着池塘边向前进。此时，北风呼呼地刮着，把很多红蚂蚁吹到了池塘里，池塘里的金鱼立即吃掉了落水的红蚂蚁。我想，红蚂蚁该长点记性了，这条路太凶险了，返回的时候应该换一条路了吧。不料，它们的凯旋的时候，仍然从池塘边经过，它们宁愿再次遭受重大损失，也不愿更改回家的线路。

这群红蚂蚁在按原路返回的途中，很多掉进池塘里淹死了。

奴隶主——红蚂蚁

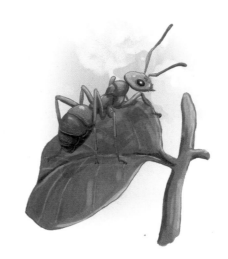

红蚂蚁到底是靠什么来辨别返回的路，是触觉，还是嗅觉？或者是其他的，到底是什么方法呢？

　　它们为什么一定要原路返回呢？我想根源就在于它们出发时的随意，它们不知道自己要去哪儿，因此没有熟悉的路径，为了避免迷路，只能原路返回，只有原路是它们记得的。这就像某种毛毛虫在出去捕食的时候，会在走过的路上留下织丝线作为路标一样，红蚂蚁是不是也给自己设定一些路标，让这些路标指引着自己回家呢？

　　红蚂蚁也是膜翅目昆虫的一种，它却没有某些同类认路的能力，只能出此下策了。但是红蚂蚁并不能制造丝线，它们是怎样设置路标的呢？许多人认为，它们会在沿途散发某种气味，比如某种甲酸味，它们是依赖嗅觉回家的。事实真是如此吗？

　　他们认为红蚂蚁之所以能靠嗅觉回家，是因为红蚂蚁的触角上藏有具有嗅觉的器官。我不认同这个观点，我在之前已经讲过，昆虫的触角上不可能有嗅觉器官。此外，我还想通过试验证明，红蚂蚁不是依靠嗅觉回家的。

　　我尝试了几次观察红蚂蚁的行军路线，结果都因突发其他事情而中断了。于是，我找了一个助手——我的小孙女露丝。露丝听我讲过红蚂蚁的故事，红蚂蚁和黑蚂蚁的大战引起了她的思索，她对蚂蚁的兴趣很浓，

一群红蚂蚁带着战利品走在回窝的途中，它们果然按照石子标记的原路线返回，真的是很神奇。

可以担当我的托付。于是，每一个晴朗的午后，她都在花园里认真地监视着红蚂蚁，并标记红蚂蚁从自己的窝到猎物的窝之间的路线。一天，当我在书房里写东西的时候，露丝跑进来说她发现红蚂蚁进了黑蚂蚁的家，而且她已经标好了红蚂蚁的进军路线。

我连忙跟着露丝赶到了现场。果然如露丝所说，她在红蚂蚁的进军路线上每隔一段就撒了一些小石子，标出的路线非常清晰。如今红蚂蚁已经凯旋了，正沿着小石子标出的路线返回，它们距离自己的窝还有差不多100米。这让我有充足的时间进行自己事先策划好的试验了。

我拿起扫帚把红蚂蚁之前走过的路线打扫了一遍，把路线上的粉状物全部扫掉了，换上其他的材料，打扫的宽度大概有1米。这样一来，就算红蚂蚁之前在路上留下了什么气味，现在也该清扫干净了。我把这条路分割成了4个部分，现在让我们来看看它们还能不能找到家。

在第一个切断口处，蚂蚁的先头部队停了下来，有的往后退，有的在断口处徘徊不前，有的则往侧面走，似乎想绕开这个陌生的地方，然后它们聚集在一起，似乎在商量着什么，看起来非常矛盾，随后它们散开了，队伍的宽度有三四米长。后面的部队不知道前面的情况，都拥了上来，场面一度非常混乱，它们完全不知所措。终于，有几只蚂蚁带领着部分蚂蚁走上了正确的道路，剩下的蚂蚁兜了一圈也走上了正途。在第二个切口处，它们又一次经历了犹豫和挣扎，不过最终还是找到了原路。不管怎么说，它们虽然耗费了一些时间，最终还是没有被我迷惑，按照原先的路线回到了自己的窝。

回顾这个试验，蚂蚁虽然在我设置的切口处表现得比较犹疑，但是最终还是从原路返回了，这无法排除是嗅觉在指引方向的可能性，毕竟原地可能还残留有气味的粉尘。我决定对试验进行升级，排除掉一切可能留下蚂蚁气味的东西。

神秘的"行军路线"

根据我的观察，在闷热的下午，尤其是暴风雨即将来临的时候，就是蚂蚁军团远征的好时机。果不其然，就在6月的这样一个下午，露丝又给我带来了蚂蚁出动的消息。我带着重新制定的计划，到了露丝用小石块标记的现场。这一次，我在池塘的接水口上接了一根布管子，打开阀门，把蚂蚁来时的道路冲了个一干二净，我冲了大概15分钟，倘若蚂蚁真的留下了气味，一定会被清除干净了。最后，我让水管一直开着，降低了水流的速度，防止蚂蚁穿过这里时过于费力。如果蚂蚁必须原路返回，它们不得不穿过这人造的急流了。

红蚂蚁被冲到了河岸边，便立刻寻找能够涉水渡过的地方。

红蚂蚁部队回来了，先头部队在水流面前停了下来，犹豫了好一会儿，后面的部队拥上来，和先头部队挤作一团。一些勇敢者站了出来，它们借助露出水面的卵石走进了急流；卵石被水没过，最勇敢的一批蚂蚁被卷进了水里，即便随波漂流，它们依然不肯丢下战利品，最后被水流冲到凸起的地面上，又被冲到了岸边。一旦脚踏实地，它们立即重新寻找渡河的办法。水流冲来了一些麦秆和一些橄榄树的枯叶，麦秆成了蚂蚁的桥，橄榄树的枯叶变成了它们的船。这批勇敢者，或者凭借艰苦的努力，或者凭借运气，终于到达了对岸。还有一些蚂蚁被水流冲得偏离路线两三米，它们虽然急得团团转，但仍紧紧地咬住战利品不放。历经了千辛万苦，它们还是从原来的路线上渡过了河流。

在我看来，这次我已经把红蚂蚁出征路线的东西冲刷干净了，而且在它们渡河的过程中，水流一直源源不断，它们应该不会感觉到气味的指引。如果你坚持路线上有丁酸的气味，那么我就用一种更刺激的气味来掩盖它，看看会发生什么情况。

在另一个试验中，我用薄荷叶擦了擦红蚂蚁的行军路线，并把薄荷叶铺在稍远处的路线上。蚂蚁在穿过被薄荷叶擦过的路段时没有任何犹豫，在穿过被薄荷叶盖住的路段时却犹豫了一下，最后还是从原路返回了窝。

通过用水冲洗路面和用薄荷改变气味这两个试验，足以说明红蚂蚁是靠着嗅觉的指引回家的说法是不正确的。为了更好地说明这一观点，我决定再做一个试验。

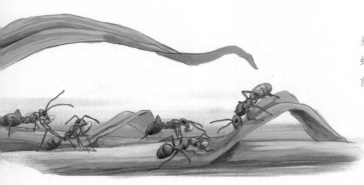

麦秆被水冲得到处都是，正好成了蚂蚁的桥，它们借助这些麦秆继续前行。

奴隶主——红蚂蚁

不管红蚂蚁在返回的途中遇到了多少障碍，它们还是会按原路返回自己的窝。

这一次，我用几张报纸盖住了一段红蚂蚁的行军路线，并有几块石子压住了报纸，除此之外没有对地貌做任何改变，也没有尝试去改变气味。然而，红蚂蚁在面对报纸做成的地毯时，它们表现出前所未有的焦虑。它们尝试着从各个方面进行侦查，走了上去又退了回来，如此试探了许多次后，才终于冒险踏上了这块区域。终于，它们穿过了这块纸做的地毯，重新踏上了返家的道路。

很快它们再一次遇到了麻烦。前方的道路本来是浅灰色，如今却变成了一片黄沙（这当然是我做的手脚）。像刚才遇到报纸做的地毯一样，在面对黄沙做的地毯时，它们一样犹豫不决，不过这次犹豫的时间不长，它们很快就穿越了这里。

报纸和黄沙都没有让路线上的气味消失，红蚂蚁却因此陷入了犹豫的状态并止步不前，这说明红蚂蚁并不是依靠嗅觉来认路的，它们依靠的是视觉！回头看看之前的试验，我尝试过用扫帚扫、水冲、薄荷叶铺地、报纸和黄沙铺地，这些行为无一不使路线的外貌发生了巨大的改变（相对于红蚂蚁来说），也无一不让它们犹豫不决。红蚂蚁是依靠视觉来认路的，但是它们都是"近视眼"，几个小石块就会改变它们的视野，面对陌生的区域，它们本能地焦虑起来。为了尽快带着战利品赶回家，它们进行多方面的侦查，终于有几只蚂蚁找到了一些熟悉的标志，于是勇敢地前进了，其他的蚂蚁相信它们，也便跟着一起走了。

如果光有视力而没有记忆力，蚂蚁是不可能做到这一切的。蚂蚁的记忆力应该很惊人吧，它应该会精确地记住每一个地点吧。但是它们的记忆力到底是什么样的？和人类的记忆力有何异同？我无法回答这个问题，只能说蚂蚁会记住每一个自己曾去过的地方，而且记得很牢。我曾多次观察到这样的情景：一群红蚂蚁收获了太多的战利品，一次拿不完，于是就在第二天或者第三天再回去拿。我曾用小石子在红蚂蚁两天前的行军路线上设置了路标，令我吃惊的是，红蚂蚁军团的第二次远征完全是沿着我的石子路标前进的，几乎没有任何偏差！

如果蚂蚁是闻着气味前进的，两天后，气味还在吗？没人敢这么说。所以，我们可以得出结论：蚂蚁是靠视觉前进的。当然，还有强大的记忆力。这种记忆力是强大的，不仅可以记住每一个细节，还可以保留记忆很长时间；这种记忆力是忠实的，足以带领蚂蚁军团穿过重重障碍，重回正确的路线。

倘若把红蚂蚁置于一个完全陌生的环境，它对地形的记忆无法发挥作用的时候，它该怎样辨别方向呢？它还能找到失散的队伍吗？它会像石蜂一样，总能回到家吗？

一只掉了队的红蚂蚁东看看，西瞧瞧，在尝试着如何跟大部队汇合。

　　这群强盗偏爱荒石园的北边，对南边则无甚兴趣，或许它们在北方可以收获更多的战利品吧。所以，它们对荒石园的南部是不熟悉的。于是，我便决定在这个它们并不熟悉的地方，做一个试验，看看它们的表现。

　　当这群强盗带着战利品返回的时候，有几只红蚂蚁踏上了我预先放置的枯叶上，我立即把枯叶拿起来，放在离蚂蚁队南面两三步远的地方。这几只红蚂蚁走下了枯叶，面对陌生的环境，似乎完全摸不到门道了。它们紧紧地叼着战利品，先是闲逛了一会儿，然后快速跑起来，但是方向完全错了，离蚂蚁队越来越远。然后，它们开始往回走，东看看西看看，试探了几个方向，始终没有把握，总是找不到正确的路径。就这样，这几只嚣张的奴隶贩子，在离自己队伍两三米远的地方彻底迷路了，而且是越走越远，当然嘴里还是紧紧地叼着战利品。它们的结局如何，我已经不关心了，我对这群愚蠢的强盗已经失去了兴趣。

　　综上所述，可见红蚂蚁根本就没有其他膜翅目昆虫的方向感。它们的能力仅限于记住自己走过的路而已，只要稍微偏离一点距离，它们就会迷失方向。石蜂就算是在几公里外的陌生地方，也会很快找到回家的路。两相比较，可谓天壤之别。同为膜翅目昆虫，为何有的具有优秀的、令人羡慕的方向感，有的却根本没有呢？进化论的信奉者认为同一种类的昆虫都是一个模子刻出来的，他们会如何解释这一现象呢？

第五章
杀手黑腹狼蛛

昆虫档案

昆虫名：狼蛛

身世背景：生活在除南极洲以外的世界各地，美洲最多

喜　　好：攻击性非常强，夜间或者阴天比较活跃

绝　　技：螯牙的毒性很强，对一部分哺乳动物可产生致命效果

武　　器：毒牙

 诱捕狼蛛

在我介绍杀手黑腹狼蛛前，先借杜福尔的一段话来作为开场白。他讲的是卡拉布尼亚狼蛛：

狼蛛喜欢在干燥向阳的地方安家。一般来说，成年狼蛛的地下洞穴都是自己挖的，洞穴狭窄，呈圆柱形，直径1法寸左右，深1法尺左右，洞穴的入口是垂直向下的，在五六法寸深的地方有一个平台，平台和入口处的直道形成一个钝角，之后继续垂直向下。狼蛛就在这个管道里，盯着洞口，等着猎物自己送到嘴边来。

大多数狼蛛洞穴的洞口上会有一个管子，管子大概有一法寸高，直径有两法寸，比狼蛛的洞口还要宽。这个管子是狼蛛用黏土和木屑混合后一点一点叠起来的，看起来像是一个直立的脚手架。管子的内部有一层保护层，是狼蛛吐丝织成的，这个保护层不仅能防止管子变形、坍塌，能保持

一只黑腹狼蛛正趴在树叶上，似乎很悠闲的样子。

管子的清洁，还是狼蛛在管子里爬上爬下的梯子呢。这个管子的作用很多，一来可以防止洞穴被水淹，二来可以防止被风吹来的东西堵住洞口，三来可以作为陷阱诱捕猎物。

为了捕获狼蛛，我想了两个好办法。第一个办法是：把一根带有小穗的麦秆放进洞口轻轻摇晃，引诱狼蛛，狼蛛受不了诱惑，慢慢接近了小穗，我瞅准时机，猛地抽一下小穗。狼蛛猝不及防，往往纵身一跃跳出了洞口。这时，我迅速把洞口堵住。狼蛛回不了窝，顿时方寸大乱，被我一步一步逼进了事先准备好的纸袋中，然后我把纸袋口封住就行了。通常这个计谋都能凑效，如果未能奏效，我还有第二办法。

如果狼蛛很谨慎，总是不上当，我就采用更直接的第二种办法。首先我需要弄清楚狼蛛洞穴的走向和狼蛛在洞穴中的位置，然后把刀刃斜插进洞穴，刀刃应该插在狼蛛的后部，让狼蛛失去了退路。狼蛛遇到这种情况，往往会惊慌失措地逃出洞穴，接着就掉进了我的陷阱。如果狼蛛没有逃出来，而是仅仅贴着刀刃，我就猛地发力，把土和狼蛛一起挖出来，然后再捉住它。用这个方法，我花了 1 个小时就抓了 15 只狼蛛。

我曾在意大利医生巴格利维那里听到过另外一个方法："摩纳哥的当地人在捉狼蛛的时候，用细燕麦秆模仿蜂的叫声，让狼蛛误以为洞口有苍蝇或者其他昆虫，诱使狼蛛出洞钻进农民的圈套。"

狼蛛看起来很吓人，其实很容易被驯服，我就做过几次这样的试验。

1812 年 5 月 7 日，住在西班牙瓦伦西亚的我开始了一次试验。当时，我抓了一只健康的、漂亮的雄狼蛛，把它放在一个玻璃瓶里。玻璃瓶的瓶口用纸封住了，为了透气，纸的中间开了一个带盖子的口，还在瓶底粘了一个小纸袋，作为狼蛛的卧室。我把这个瓶子就放在床头，以便于观察。狼蛛很快就适应了被圈养的生活，不久之后就敢于爬上我的手指去抓活的苍蝇了。它先把猎物咬死，然后撕成碎片，最后用触须把肉一块块地送进嘴里。吃完后，还不忘把猎物的残渣清扫出自己的住所。

狼蛛很爱清洁，每顿饭后都要把螯肢刷得干干净净，然后就一本正经

杀手黑腹狼蛛

两只狼蛛正面对面准备再次开战，这将是一场激烈的战斗。

地休养生息。晚上和半夜，是它散步的时间，每当这时我常听见它扒抓纸袋的声音。

在这次观察的末期，我准备观察一下两只狼蛛之间的搏斗过程。这一天，我抓了许多狼蛛，从中挑选出两只最为强壮的雄狼蛛，把它们关在一个大瓶子里。一开始，这两只狼蛛围着瓶底转了几圈，似乎想找到逃生的路径来。片刻之后，它们放弃了幻想，摆开架势，准备开战了。它们先拉开了距离，虎视眈眈地对视着。僵持了两分钟后，它们几乎同时向对方冲去，它们的腿交缠在一起，不断用嘴去攻击对方的身体。过了一会儿，它们都疲惫了，各退一步，开始休息。没过多久，第二个回合的战斗打响了，这一次战斗更加激烈，也最终分出了胜负。失败的一方结局十分凄惨，它成了胜利者的食物，而且是被撕成碎片后吃掉的。

杜福尔为我们讲述的是普通狼蛛的生活习惯，而我在我居住的地区找不到那种狼蛛。我的荒石园里有20多种卡拉布尼亚狼蛛，它的身材比普通的黑腹狼蛛大1倍，肚子上有黑绒，腹部带棕色人字形条纹，爪上有白色和灰色的环节。它喜欢住在干旱多石、有百里香的地方。

荒石园中有的狼蛛一般肚子上都有黑绒，腹部都带棕色人字形条纹，爪上有着白色和灰色的环节。

　　离我家几百米远的地方有一个高原，高原上一片荒凉，乱石之间杂乱地长着几簇禾本科植物，那里有更多的狼蛛窝。有一次，我只用了 1 个小时就在那里找到了一百多个狼蛛窝。狼蛛窝与杜福尔描述的差不多，一般都是有 1 法尺深的井，先与地面垂直，然后弯成曲肘，平均直径为 1 法寸。井口还有用麦秆和榛子一样大的石子砌成的井栏，井栏被狼蛛用丝加固了。有时候，狼蛛会用丝捆住一些叶子做成井栏，但是它更偏爱的还是石子砌成的井栏。总的来说，它并不是一个挑剔的建筑师，会因地制宜地建造自己的住所。

　　根据建筑材料的不同，建筑围墙所花的时间会不同，建成的高度也不一样。有的围墙是一法寸高的墙角塔，有的只是一个简单的凸边。但狼蛛都会用丝加固这些井栏。通常井栏和地道差不多宽。黑腹狼蛛的窝就是这样，一句话描述就是一口井上面直接搭个井栏。

　　我采用了巴格利维抓狼蛛的办法，但却失败了。这个方法的确能把狼蛛引出地堡，往垂直的管子上爬几步，瞧瞧洞口外是什么东西在叫；可这狡猾的狼蛛很快就看穿了我的诡计，它停在半路不动，随后只要稍有动静就看不见它的身影了。

杀手黑腹狼蛛

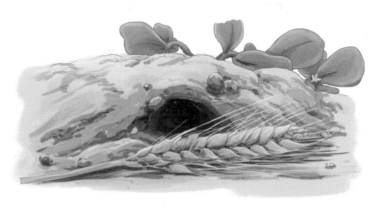

要想捉到狼蛛，穗粒饱满的麦秆是个不错的道具，狼蛛
出于自卫会主动咬住麦秆。

因为条件所限，我无法采用杜福尔的方法，只能另想办法。经过多次尝试，以下两种办法取得了成功。第一个办法是，我用一个麦穗饱满的麦秆作为诱饵，把狼蛛从窝里引诱出来。这个办法的具体步骤是这样的，我先在狼蛛的洞口抖动诱饵，不停地旋转，只要麦穗碰到了狼蛛的身体，狼蛛处于自卫便会用力地咬住麦穗。接着，我便和狼蛛展开了拔河比赛，我小心翼翼地往外拉麦秆，狼蛛用脚抵住洞壁往下拽。很显然，狼蛛不是我的对手，当把狼蛛拉到垂直通道的时候，我必须迅速地从洞口躲开，如果狼蛛看到了我，它会立即逃走的。当把狼蛛拉到洞口边缘的时候是最关键的时刻，这时如果我还慢腾腾地往外拉，狼蛛会意识到自己就要被拉出窝了，谨慎的它可能会迅速返回窝里。因此，这个时候，我必须猛地拉一下，趁狼蛛来不及松口，把它甩出离窝几法寸的地方去，这样我就能逮住它了。

用麦穗来诱捕狼蛛，需要极大的耐心。如果想简单一些，就可以采用第二个办法。第二办法用熊蜂做诱饵。我先抓住一个活的熊蜂，然后把它放进一个小细颈瓶里，再把细颈瓶倒插在狼蛛洞口。狼蛛的窝和熊蜂的窝很像，熊蜂一旦发现洞口，就会停止挣扎，钻进狼蛛窝。此时，狼蛛也发现了异常，它们在垂直过道里相遇了，狭路相逢勇者胜，一瞬间就分出

一只狼蛛正在小心翼翼地趟过急湍的河流，看上去似乎表情严肃。

胜负，熊蜂被杀死了。此时，我把细颈瓶移开，用长柄镊子去夹熊蜂的尸体。狼蛛是不会放弃自己的猎物的，它会追着熊蜂的尸体往外爬。在洞口处，狼蛛会很谨慎，可能不会立即冲出来，但是只要熊蜂的尸体在哪里，它一定会出来的。当它刚爬出洞口，我就立即用手指或者小石子堵住洞口，于是狼蛛便成了我的阶下囚。

 ## 致命的敌人

狼蛛和熊蜂都是危险的刺客，都拥有致命的武器，为何熊蜂在狼蛛面前不堪一击呢？诚然，狼蛛的毒液的毒性很强，但是熊蜂也不至于一击即倒，就算是响尾蛇也不能在这么短的时间内杀死对手。我猜狼蛛攻击的部位才是重点。

狼蛛和熊蜂的战场在洞穴里，我看不到，所以我一直没见过它们的厮杀过程，在熊蜂的尸体上也没有发现伤口，因为造成伤口的武器太小了。为了搞清楚这个问题，我必须近距离地观察它们之间的决斗。为此，我曾

第五章
杀手黑腹狼蛛

一只狼蛛和一只熊蜂面对面对峙着，它们之间的战争似乎一触即发。

做过几次试验，把它们同时关在一个宽底瓶里，但是作为囚徒的它们非常焦虑，根本没有搏斗的心思，试验都以失败而告终了。我用蜜蜂和胡蜂做试验倒是取得了成功，不过它们之间的搏斗发生在深夜，我什么都没看见。

我决定给它们换一个决斗场地，把它们关在一个更小的空间里，让它们不得不面对对方，退无可退。我把它们放进了一个底部只容得下一只昆虫的试管里，如我所料它们终于开始搏斗了，但是搏斗的过程却不是我想看到的。试管很细，它们不能并排，只能一个在上一个在下，当狼蛛在上的时候，熊蜂会仰躺着用腿顶开狼蛛，直到力竭为止，它们都不会用到武器；如果熊蜂在上面，狼蛛会用自己的长腿保护自己，它们也没有用到武器的机会。总而言之，我看不到任何有价值的东西，不得不放弃了这个试验。

狼蛛只有在自己的地盘才会斗志昂扬，但是如果在它的窝里决斗，我就看不见，因此我必须在把狼蛛引诱出来，让它在洞口参加战斗。我给狼蛛找了一个强劲的对手，是这个地区最大最强壮的紫色木蜂。紫色木蜂

一只狼蛛和蝈蝈面对面相遇了，一场大战在即，到底鹿死谁手？

披着黑绒的外套，有着紫红色的翅膀，体长 1 法寸，比熊蜂厉害多了，它的螯针非常危险，只要被它刺中一下，周围的皮肤立即就会肿起来，而且会疼很长时间。在我看来，狼蛛和紫色木蜂绝对是势均力敌的对手。我找了一些瓶颈很宽但是容积不大的瓶子，每个瓶子里放一只紫色木蜂，像之前用熊蜂诱捕狼蛛一样，我也打算把这个瓶子直接扣在狼蛛的洞口。

因为紫色木蜂很强大，所以我要找的狼蛛也应该实力非凡，必须是个头最大、最勇敢且最饥饿的。为了找到符合要求的狼蛛，我拿着麦秆去引诱窝里的狼蛛，如果狼蛛立即跳出了洞口，且身体强健，那么它就是我想要的选手。我就这样一个洞口一个洞口地找过去，合适的选手一直没有出现。

幸运来得太突然，一只狼蛛噌地一下跳出洞，蹿进了瓶子。瓶子里健壮的木蜂，瞬间遭遇灭顶之灾，一命呜呼。我清楚地看到了屠杀的全过

程，和我预想的一样，狼蛛的螯牙直接插进了木蜂的颈后的脖子根部，毒液瞬间摧毁了木蜂的脑神经节。狼蛛攻击的是唯一能让对手猝死的位置！

一次试验并不能说明什么问题，我无法排除偶然的因素。于是我耐心地等待更多的狼蛛站出来，终于又有两只勇猛的狼蛛冲了出来。过程是一样的，狼蛛一口咬住了木蜂的颈部；结果也是一样的，木蜂瞬间毙命。

狼蛛简直就是一个"咬颈大师"，那么如果它不咬对手的颈部而是咬其他的部位，结果会怎么样？为了回答这个问题，我又抓了一些狼蛛，分别把它们放进 12 个宽底瓶或者试管中。

前面已经说到，瓶子里的狼蛛不愿去攻击对手，为此我不得不把猎物直接送到它的嘴边。我用一把镊子夹住狼蛛的胸部，把它夹到猎物的旁边，让它去咬我预先准备好的昆虫。我首先用木蜂做试验，如果被狼蛛攻击到颈部，木蜂立即死亡；如果被狼蛛攻击腹部，木蜂一开始似乎没有什么异常，还能飞能跳，半个小时后毙命；如果被狼蛛攻击身体的侧面或者背部，木蜂会失去运动能力，但是还能挣扎，到了第二天才死去。

狼蛛和土蜂的战斗应该是相当惨烈，它们都是比较厉害的对手。

通过试验可以发现：如果狼蛛直接攻击木蜂的颈部，木蜂立即死亡，狼蛛不会有任何危险；如果狼蛛攻击木蜂的其他部位，特别是腹部，木蜂仍能用嘴、螯针、大腿进行反击，如果狼蛛被木蜂的蜇到，最终也会完蛋，我曾让狼蛛去咬木蜂螯针附近的部位，狼蛛的嘴巴被木蜂蜇了一下，结果24个小时后狼蛛死掉了。由此可知，面对危险的对手，狼蛛必须直接攻击对手的颈部，保证一击毙命，否则自己也将面临生命危险。之前的试验中，我曾给狼蛛送上危险的猎物，它之所以没有发动攻击，恐怕也是这个原因。

紧接着，我又让狼蛛分别去咬蝗虫、螽斯、距螽。结果当这些昆虫的颈部被咬到后，它们都会猝死；当它们的其他部位尤其是腹部被咬到，往往还能坚持一段时间，比如一只距螽的腹部被咬后，坚持了15个小时才死。由此可以得出结论：如果昆虫的颈部被狼蛛袭击，它们会立即死亡；如果昆虫的其他部位被狼蛛袭击，它们还能坚持一段时间，而坚持时间的长短取决于昆虫本身的差异。

毫无疑问，对于昆虫来说，狼蛛的毒液是致命的。那么狼蛛的毒液到底有多厉害呢？我曾在木蜂和蝈蝈的脑袋底部注入一滴氨水，结果它们立即开始痉挛，不久之后就死了。注意，它们不是猝死，是痉挛了一会儿才死，可见狼蛛的毒液比氨水还要毒。还让狼蛛咬了一只刚能出窝的麻雀的腿，麻雀被咬的地方很快流了一滴血，伤处周围也泛起了红晕，很快又变成了紫色。麻雀被咬的那只腿抬不起来，就这么耷拉着，它只能单腿跳来跳去了。不过除此之外，麻雀似乎并未受到太大影响，胃口依然很好，甚至会主动向我要食物。两天过去了，麻雀的那只腿依然没有起色。到了第三天，麻雀吃不下东西了，开始出现痉挛的状况，有时一动不动地突然跳了起来，随后痉挛得更频繁了。没过多久，麻雀死了，死的时候嘴还微张着。麻雀的死让我感到很愧疚，虽然这是一个试验，但是试验的代价还是太大了。

我还用鼹鼠做过试验，为了保证鼹鼠的状态，我还专门饲养了鼹鼠几天，喂了它许多昆虫，比如金龟子、蝈蝈、蝉等，它总是吃得津津有味，

狼蛛是很厉害的职业
杀手，被它咬到的话
后果是很严重的。

看起来精神不错。然后，我让狼蛛咬了鼹鼠的嘴角，再把被咬后的鼹鼠放回它熟悉的笼子里。一开始，我看到鼹鼠不断地用脚搓脸，可知它的脸很不舒服。接着，它吃得越来越少了，到了第二天晚上，干脆什么也吃不下了。大约被咬 36 个小时后，鼹鼠死了，死在装满了食物的笼子里，它不是被饿死的，它是被狼蛛毒死的。

狼蛛的毒液不仅能毒死昆虫，还能毒死麻雀、鼹鼠等动物，它还能毒死谁呢？我不知道答案，也不准备扩大试验的范围了。但是，据我所知，如果人被狼蛛咬了，后果也是很严重的。

第六章

麻醉师

——蛛蜂

昆虫档案

昆虫名：蛛蜂

英文名：Tarantula Hawk

身世背景：世界各地都有分布，在南美洲和阿根廷比较多

生活习性：喜欢独居，经常在地底、石块缝隙或者朽木中筑巢

绝　　技：具有比较强的攻击性，一般会攻击狼蛛，但很少攻击人类

武　　器：强大的螫针

猎手与猎物的较量

在前面讲到的试验中，被捕猎者通常毫无还手之力，任由敌人为所欲为，比如砂泥蜂捕食的黄地老虎幼虫。这些可怜的家伙，表达抗议的方式只剩下张开大颚、颤抖腿脚或者扭动屁股了，它们完全没有可以与敌人对抗的武器。我不喜欢这种一边倒的屠杀，更想看到势均力敌的对抗。昆虫的世界中，有势均力敌的决斗吗？答案是肯定的，比如蛛蜂 VS 蜘蛛。

蛛蜂和蜘蛛都是猎食者，蛛蜂的幼虫唯一的食物就是蜘蛛，而蜘蛛以所有掉进它的罗网的体型和它差不多的昆虫为食。蛛蜂是麻醉师，致命武器是螫针；蜘蛛是职业杀手，致命武器是螫牙。两者都是狠角色，狭路相逢，谁会成为谁的盘中餐呢？

如果从武器的威力、力量的强弱、毒液的毒性和进攻手段的犀利程度来看，蜘蛛略胜一筹。但是在实际对决的结果上来看，蛛蜂常常笑到了最后。蛛蜂一定有绝招，它的绝招是什么呢？

在我的住所附近，最善于捕猎蜘蛛的当属环带蛛蜂了。这种蛛蜂有着黑黄相间的外表，细长的腿，它的翅膀大部分是黄色的，只有末端是黑色的。它的个头和黄边胡蜂差不多，一年之中，总有三四次出现在我的视线中。这个家伙一看就不是好惹的，步态霸道、神情放肆、举止粗鲁，一

一只蛛蜂停在了花朵上，它可是一个厉害的麻醉师。

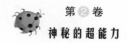

副好斗的嘴脸，让人忍不住想：它来捕猎肯定有一套。一天，我终于看到了期望已久的画面，蛛蜂叼着猎物走进了我的视野，这个猎物就是黑腹狼蛛，没错，这就是它给自己的幼虫准备的食物。

蛛蜂拖着猎物的腿来到了墙角下，那里堆着几个石块，石块和石块之间的缝隙形成了一个洞。很显然，蛛蜂之前已经在这里踩好点了。此时，它钻进洞穴，把几块掉落的灰浆清除了出来，然后把猎物搬了进去。不一会儿，它又出来了，看似很随意地把清除出来的灰浆堆在洞口，然后就飞走了。我猜蛛蜂已经产下了卵，现在我要打开洞穴去一探究竟了。

我把狼蛛从洞穴里拿了出来，狼蛛的肚子旁边粘着蛛蜂的卵。糟糕，我在拖狼蛛的时候，不小心把蛛蜂的卵碰掉了。蛛蜂的卵是不能自行孵化的，看来我不能观察这只幼虫的发育过程了。狼蛛一动不动，但是身体还是柔软的，也没有伤痕，我知道它还没有死。不一会儿，狼蛛跗节的末梢动了一下，证明了我的判断，但是它也只能这样轻微地动一下了。我把狼蛛放在一个盒子里，从8月2日到9月20日，它一只保持着这种半死不活的状态。

在这次试验中，我并没有看到我最想看到的情景——蛛蜂和狼蛛搏斗的情景。我想，谨慎的蛛蜂绝不会冒然深入狼蛛的洞穴的，但是蜘蛛都是隐士，它们在野外相遇的可能性微乎其微。它们到底是在什么地方搏斗的呢？我决定从其他捕猎蜘蛛的能手身上，寻找解答这个问题的蛛丝马迹。

狼蛛腹部朝上被蛛蜂拖到了洞里，它是蛛蜂捕到的猎物。

一只蜘蛛成了狼蛛捕猎的对象，蛛蜂已经偷袭成功。

　　我多次见过蛛蜂外出捕猎的场景，面对藏在窝里的蜘蛛时，蛛蜂不会冒然发动进攻，而是和蜘蛛保持这一段距离。这样的例子很多，我就讲一个有代表性的故事好了。那天，外出觅食的蛛蜂发现了一只蜘蛛。当时这只蜘蛛正趴在自己制造的摇篮里等猎物上钩，这个摇篮是它用丝聚拢三片金雀花叶子制成的。蛛蜂在蜘蛛的门口徘徊着，蜘蛛立即退到了后门，蛛蜂又跟到了后门，蜘蛛马上跑到了另一边。它们一个在里面，一个在外面，就这样不停地兜圈子，追逐游戏整整持续了 15 分钟。

　　最终，蛛蜂放弃了这种无聊的躲猫猫游戏，飞走了。蜘蛛也放松下来，继续在自己的摇篮里等着苍蝇掉进陷阱。在我看来，如果蛛蜂冲进蜘蛛的家里，以它的灵巧和敏捷，取胜的希望很大，毕竟蜘蛛太笨拙了，只能像螃蟹一样横行。不过蛛蜂的选择也没错，倘若冒险钻进蜘蛛的摇篮，蜘蛛就会迅速用螯牙袭击它的颈部，这样一来，猎手就变成猎物啦。

 可怕的螯针

　　时间一天天地过去，蛛蜂始终没有向我透露它的秘密。我在奥朗日居住的最后一年，事情出现了转机。当时，我在花园围墙的石头缝里发现了一群蜘蛛，这是类石蛛，它们浑身漆黑，螯肢成金属绿色，这个石头缝就是它们的家。它们的网就像一个喇叭，喇叭口摊开在墙角，一些蛛丝把

这个喇叭牢牢地固定在墙上，喇叭的底部位于一个深入墙洞的管子上，管子的尽头就是蜘蛛的餐厅。

蜘蛛的8条腿中的两条用来撑着管子的内壁，另外6条腿向洞口张开，用来感受蛛网的轻微动静，静候猎物投入罗网。如果发现猎物落网了，它会立即向猎物冲去，它很谨慎，在冲出去之前先用蛛丝把自己的身体和管子联系起来，以防止自己跌落。猎物一旦落入蜘蛛的陷阱，几乎没有生还的可能，我亲眼看到一只尾蛆蝇就这样被蜘蛛咬中了后颈，立即就死亡了，然后被蜘蛛拖进餐厅。

尾蛆蝇还算是攻击力比较强的昆虫，连它都毫无抵抗之力，其他落网昆虫的命运就可想而知了。蜘蛛就靠着蛛网和犀利的攻击手段，端坐在丝网的底部守株待兔。

对于一般的昆虫，蜘蛛不屑于用螯牙去咬其颈后，只有个头较大的苍蝇如尾蛆蝇才会让它使出绝招。无论是尾蛆蝇，还是之前说到的熊蜂，一旦被蜘蛛咬住颈部，无不立即毙命，可见蜘蛛毒液的可怕。这种毒液用在人身上是什么后果呢？杜热亲身试验了类石蛛的毒液在人身上的效果：

我之所以选择类石蛛作为试验对象，是因为它的毒液一直以毒性猛烈而著称。我活捉了一只类石蛛，并把它放在我的衣服上，此时它并没有表现出想伤害我的意思来。当我把它放在前臂裸露的皮肤上时，它暴露了本性，用金属绿的螯肢咬住了我，螯牙深深地刺进我的皮肤，即便我以松开捏住它的手，它依然吊在我的手臂上。过了不久，它松开了螯肢，掉到地上逃走了。我的前臂上出现了两个小伤口，伤口之间相距两法分（法分为为法国古长度单位，1法分约为2.25毫米），伤口处的皮肤微红，没有流血，四周有点儿瘀斑。

五六分钟之后，伤口处的疼痛感渐渐减弱了。伤口周围，一开始立即泛白，白边周围1法寸的半径范围内，出现了像丹毒一样的红斑和轻微的肿胀，90分钟后症状全都消失了，只留下了一个小小的伤口，几天之后，伤口也消失了。此时是凉爽的9月份，若是在炎热的夏季，恐怕症状会更严重些。

蛛蜂在墙壁上仔细地搜寻，它来到了类石蛛的领地，准备寻找自己的猎物。

　　杜热的试验让我明白，类石蛛的螯牙虽然很有力，但是毒液对人类来说似乎并不会造成严重的后果，我没有必要过于害怕它。当然，对于昆虫来说，类石蛛的毒液还是具有很大杀伤力的。但是，在昆虫界，并非没有敢于向它挑战的勇士，比如尖头蛛蜂。尖头蛛蜂的个头和蜜蜂差不多，只是更为纤细，全身上下一般黑，翅膀的颜色更深，末端是透明的。尖头蛛蜂不仅敢于挑战类石蛛，而且能战而胜之，现在就让我们来看看它在墙角的类石蛛住所的战况吧！

　　快看，蛛蜂沿着墙壁接近类石蛛的蛛网了。原本深藏在管子里的类石蛛，如今也出现在管子口了，它张开6条前腿，准备迎战。面对这种局面，蛛蜂退后了一步，又观察了一会儿，似乎还是无机可乘，便飞走了。蛛蜂飞走了，蜘蛛的警报解除了，它又退回到管子里。过了一会儿，蛛蜂又回来了，一直戒备着的蜘蛛立刻现身，一半的身子已经探出管口了，摆出了一副咄咄逼人的架势。蛛蜂又飞走了，蜘蛛又退回到管子里。就这样，当蛛蜂观察地形的时候，蜘蛛就会从管子里出来，当蛛蜂飞走时，蜘蛛就会缩回去。有时，蜘蛛会做出更妙的应对方式。有一次，当蛛蜂在蛛网附近侦察的时候，蜘蛛突然从管子里跳到了蛛蜂的面前，当然背后还系着一根安全丝以防止坠落。这个突然的举动，让蛛蜂大吃一惊，立即飞走了，而蜘蛛也几乎以同样的速度退了回去。

这只蛛蜂好像还没有捕猎成功，仍然在民居附近搜索，寻找猎物的踪迹。

蛛蜂恐怕从没有遇到这么奇怪的猎物，它不仅没有逃走，反而主动跳到了猎手的面前，这简直匪夷所思。那么面对防御森严甚至敢于主动出击的类石蛛，蛛蜂到底会采取什么措施呢？我对此兴趣浓厚，一连几个星期都在盯着那个墙角。

蛛蜂发起攻击了，它扑上去猛地咬住蜘蛛的一条腿，然后用尽全力把蜘蛛往外拉，想把蜘蛛拖出管子。由于蛛蜂的攻击太突然，蜘蛛来不及躲避，幸好两条后腿还撑在管子的内壁，因此并没有让蛛蜂得逞。蛛蜂一击未中，马上松口，飞到了别的蛛网再去组织进攻。倘若蛛蜂不立即松口，等待它的将是蜘蛛的致命一击。

蛛蜂的战术很明确，就是要把蜘蛛从碉堡里拖出来，甩得远远的。这一次，蛛蜂的攻击精准而有力，成功地把类石蛛拉了出来，然后使劲甩在地上。蜘蛛顿时方寸大乱，斗志涣散，只能把腿收拢起来，蜷缩进土缝里，拼命地防御。这种防守对于蛛蜂来说简直不堪一击，只见它猛地扑过去，我还没来得及仔细观察，蜘蛛的胸部就被蜇了一下，蜘蛛立刻就瘫痪了。

我还见过一次蛛蜂捕捉狼蛛的情景，过程都大同小异。当时，环带蛛蜂正在狼蛛的巢穴周围侦察，狼蛛把它当成了普通的猎物，于是从直道的尽头跑出来，伸出了前腿准备一跃而出。说时迟那时快，蛛蜂抢先一步咬

住了狼蛛的一条腿，活生生把狼蛛从洞穴里拖了出来，狠狠地扔到了远处。此时，狼蛛也被吓傻了，只能任由蛛蜂宰割。

为了更细致地观察蛛蜂捕猎的过程，我曾把一只蛛蜂和一只类石蛛一起关在一个大瓶子里。但是，在这个监狱里，它们似乎都失去了斗志，都远远地躲避着对方。我得不得不挑逗它们，让它们的肢体彼此接触、碰撞。有一次，类石蛛逮到了蛛蜂，用腿来回揉搓这蛛蜂，勉强把蛛蜂往自己的螯牙上凑，而蛛蜂只是缩成一团，根本没想动用自己的螯针，但是也没有让类石蛛咬到自己。还有一次，类石蛛仰躺着用脚抓住蛛蜂，一方面顶开蛛蜂，一方面试图用螯牙去攻击蛛蜂。但是，蛛蜂每一次都能逃脱类石蛛的攻击，然后再拉开距离。蛛蜂从不回击，总是躲在远处，淡定地刷刷翅膀、拉拉触须，然后用前跗节把触角压在地上。在我的怂恿下，类石蛛又发动了十二次冲锋，但是蛛蜂总是能从它的螯牙下逃脱。

作为囚徒的蛛蜂毫无战斗的心思，但是也总能保证自己的安全，甚至敢于当着类石蛛的面摆弄自己的触须。它真的是不可战胜吗？答案是否定的。一天晚上，我为了保证蛛蜂的安全，扔给它一个纸团作为躲避的地方。第二天，我发现蛛蜂死了，它是被类石蛛戳死的。类石蛛习惯于在夜晚行动，它在夜晚比蛛蜂更强大。可见，在自然界里，角色并不是一成不

蛛蜂在类石蛛面前蜷缩着触
角，完全没有心思战斗。

变的，有时候猎手也会变成猎物。

后来，我又往瓶子里放了一只蜜蜂，两个小时后，蜜蜂被杀死了。我又放了一只尾蛆蝇进去，尾蛆蝇也惨遭毒手。类石蛛并没有去碰这两具尸体，它不是为了捕食去猎杀蜜蜂和尾蛆蝇，只是为了清除不安分的邻居而已。当然，当它饿了的时候，它还是会去吃这些猎物的。最后，我放了一只中等身材的熊蜂进去，第二天类石蛛死了。

对于这个玻璃牢房里发生的惨案，我不想再写了，因为真实的世界中是不会出现这样的事情的。还是让我们追随蛛蜂的脚步，去看看它接下来会做什么事吧。蛛蜂把蜘蛛从碉堡里扔出来，并杀死了它。然后它又去寻找蛛网，它在蛛网上行动自如，根本不会受到束缚。有一次，它用触角碰了碰蛛网，接着就一头飞进了管子里。这似乎不是它的风格，它不怕管子里的蜘蛛吗？我的担心是多余的，管子里根本就没有蜘蛛，如果有蜘蛛的话，刚才蛛蜂触碰蛛网的时候，蜘蛛就会现身了。蛛蜂之所以晃动蛛网，就是为了侦察管子里是否有猎物，如果没有，它不妨进去参观一下；如果有，它是绝不会轻举妄动的。

参观了许多蛛网之后，蛛蜂似乎找到了一处中意的地方。它来来回回侦察了那个地方很多次，中间还跑回去观察那个倒霉的类石蛛的状况。

蛛蜂将猎物高高举起，一边摇晃一边往后倒退着走。

最后，它飞回类石蛛那里，开始搬运猎物。对于蛛蜂来说，类石蛛是个过于沉重的猎物，它费了好大的劲儿才把它搬到两法寸之外的墙角下。希腊神话中的"大地之子"，只要脚踏实地，就有源源不断的力量。蛛蜂可以称为昆虫界的"墙面之子"，只要它站立在墙面上，力量仿佛增加了10倍。

快看，蛛蜂举起了猎物，一步一步向自己选好的管子前进。它脚下的路是如此的坎坷，一会儿是垂直的墙面，一会儿又是倾斜的斜面，还得翻过凸起的地方，但是不管多么艰苦，都阻挡不了它前进的步伐。终于，距离目的地近了，它把猎物放在一个凸起的地方，又飞回管子里侦察了一番。看起来，没有什么好担心的了，它返回来，把蜘蛛搬到了管子里。

不一会儿，它从管子里飞了出来，在周围东瞅瞅西瞧瞧，找了两三块比较大的灰浆搬了回去，好像是要做一个门。终于忙完了，它心满意足地飞走了。

第二天，我去查看管子里的情况，发现蜘蛛正孤零零地躺在管子的尽头，背上粘着一颗蛛蜂的卵。蛛蜂的卵是白色的，圆柱形的，差不多有两毫米长，旁边随意堆放着蛛蜂找来的那几块灰浆。由此可见，尖头蛛蜂直接就把自己的卵和猎物一起放在蜘蛛的窝里了，而且很有可能就是蜘蛛生前的家。

一只蛛蜂放心地把自己的猎物放在洞外，准备先去洞里看看。

迄今为止，我已经描述了两种捕食蜘蛛的蛛蜂的情况，它们分别是环带蛛蜂和尖头蛛蜂。它们看起来不太擅长自己挖洞，直接用猎物的洞穴作为自己幼虫的住所，而且也仅仅给这个窝用几块灰浆做了一个粗糙的门而已。我们是否可以说蛛蜂对自己的巢穴就是这么随意呢？恐怕不能。蛛蜂是个真正的掘土工，有的蛛蜂会把自己的窝修得非常传统、漂亮，比如八点蛛蜂，我曾亲眼目睹它是如何精细地建造自己的住所。八点蛛蜂的外套是黑黄相间的，翅膀是琥珀色的，翅膀末端的颜色较深，它们以漂亮的大蜘蛛——圆网蛛为食，我不太了解它的捕食习性，在这里就不作描述了。

红花绿草的树林中，勤劳的昆虫们都在各自忙碌着，有的在寻找食物，有的在搬运东西，场面真是热闹。

第七章

树莓桩中的居住者

——三齿壁蜂

昆虫档案

昆虫名：壁蜂

身世背景：是苹果、梨、桃、樱桃等蔷薇科果树和猕猴桃等水果的优良传粉昆虫

生活习性：喜欢在树莓桩上安家；卵要经过羽化后才能变为成虫

居　　所：居住在树桩中，居所内部有一个铅笔粗细的巷道，会随着时间而发生改变

绝　　技：在树莓桩上挖通道

　　树莓桩是许多膜翅目昆虫的风水宝地，它们喜欢在这里安家。我在笔记中记录了三十多种树莓桩的居民，这当然不是树莓桩居民的全部种类。

　　在我记载的这些树莓桩居民中，居所最为精美、规模最大的要数三齿壁蜂了，这一部分的主角就是它了。三齿壁蜂的居所中有一个巷道，巷道和铅笔差不多粗，深度不一，最深的有一法寸长。最初修建的巷道是个规则的圆柱体，在储粮的过程中，会经过不断的修缮，因此每隔一段距离，巷道就会发生一些改变。七月份的时候，三齿壁蜂开始挖掘竖井，每挖一段距离，它就会背几块髓质出来扔掉，随着竖井越挖越深，巷道的深度自然也会越来越深，直到碰到一个挖不过去的木疤，这个工程才算是告一段落。

　　修完了巷道，三齿壁蜂就开始存蜜、产卵和建造蜂房了。石蜂是从下到上一层层地修建蜂房，壁蜂也差不多是如此。它先在巷道的尽头放上一堆蜜，接着把卵产在蜜堆上面，然后再造一个隔板，把卵封闭起来，这

三齿壁蜂一般会选择树莓桩作为安家地，而且工程的规模也很庞大。

便是一间卧室了，一个卵可独享一间大约有 1.5 厘米长的卧室。隔板是壁蜂用自己吐出的汁液把树莓残屑粘合起来制成的。建完了一间卧室，壁蜂就在这间卧室的上面再建一间卧室，以此类推，一直建到圆柱体的巷道的顶部，然后它会找来一团灰浆把巷道封住，之后就一去不复返了。

树莓桩的长度不一，整齐程度和木疤的情况也不同，决定了每个树莓桩里的卧室各不相同，最理想的树莓桩里，大约有 15 间卧室。冬天的时候，直劈开树莓桩，就会清楚地看到里面的结构。卧室之间由一个一到两毫米厚的圆盘隔开，每个卧室里都有一个半透明的红棕色的茧，透过茧的外皮，可以看到一个像钓鱼钩一样的幼虫。

判断茧的年龄很简单，最下面的卧室里的茧是最大的，最上面的卧室的茧是最小的，因为壁蜂是从下往上建的卧室呀。

每一个卧室只容得下一只卵，不可能出现两只卵共处一室的情况。那么，当卵里的幼虫破茧而出的时候，它们怎么从树莓桩里出来呢？出口只有一个，就是树莓桩的顶部。树莓桩的底部没有密道，两侧都是坚硬的木壁，幼小的壁蜂幼虫是不可能突破的。因此，小壁蜂爬出树莓桩的次序和它们出生的次序刚好相反，最小的最先出去，最大的最后出去。

三齿壁蜂在树莓桩上挖竖井作为自己的窝，而它们的卵被下在里面，每个都有属于自己的地盘。

如果最早出生的壁蜂要第一个爬出去怎么办呢？由于上面的通道都被茧堵死了，它需要层层突破各个卧室才能达到目的，这样一来，除它以外树莓桩里的其他幼虫全都活不成了。这个问题让我感到很疑惑，难道最先产下的卵就一定会最先出茧吗？会不会正好相反，最后产下的卵最早破茧而出，这样的话问题就迎刃而解了。不管怎么说，这只是我的猜测，还需要经过仔细的观察才能下结论。

最早研究这个问题的人是杜福尔，他的研究对象是赭色菜蠃，他的结论是：最先产的卵，最后羽化。我认为他的结论不够严谨，便决定根据自己的条件对三齿壁蜂进行研究。我劈开一个树莓桩，从中取出了 10 个左右的茧，并按照原先的顺序把它们放进一个内径和壁蜂巷道相同的玻璃管里，玻璃管一端是封闭的，一端是开放的。这个试验是在冬天做的，此时幼虫们已经开始吐丝结茧。为了让它们拥有独立的空间，我把高粱秆切

羽化后的壁蜂飞出窝后，就进入了广阔的天地，开始了新的生活。

一只壁蜂又开始在树莓桩上开凿了，它是要打
造自己的窝吧。

成厚 1 厘米左右的圆片作为隔板，我剥掉了圆片的纤维层，只留下白色的
髓质，幼小的壁蜂幼虫很轻松就能突破它。你或许注意到了，我做的隔板
比它们母亲准备的隔板要厚许多，我这样做自有我的道理。

为了让试验尽可能地接近真实的情况，我把玻璃管竖了起来，并给
它做了一个纸套，当然取下或者套上纸套都很方便。由于玻璃管是透明的，
我随时都可以观察幼虫们的羽化情况。

这个试验我坚持了四年之久，见过很多次壁蜂幼虫的出生和羽化。
我可以很肯定地说，壁蜂的羽化根本没有顺序可言，有时候一个小时之内
就有许多只壁蜂羽化，有最底部的，也有最上面的。总之，根本没有什么
规律。

当壁蜂羽化了以后，不管它待在第几层，都会立即在天花板上凿洞。
如果它的上面还有一个茧，面对它的弟弟或者妹妹的时候，它会很谨慎，
多数情况下会退回自己的卧室，等上一天、两天或者三天。它们不会无限
期地等下去，如果上面的弟弟或者妹妹一直没有动静，它们会尝试着从弟
弟或者妹妹的茧和巷道壁之间通过，甚至会啃噬巷道壁以扩大间隙。在剖

开的树莓桩里，我们经常能看到巷道壁又被啃咬的痕迹，有些部位的巷道壁不仅髓质被磨没了，甚至木纤维壁都被啃掉了一些。

为了更好地观察啃噬的情况，我在玻璃管的内部放了一些灰色的厚纸，当然厚纸只遮住了玻璃管的一侧，我可以在另一侧观察。结果，这些羽化了的囚徒对厚纸发起了猛烈的进攻，它们拼了命地把自己缩成一团，钻进狭窄的缝隙，钻进上一个蜂房，雄虫的个头小，它们的成功率也大一些。有时候，它们把茧都挤得变形了。不必为茧担忧，它的弹性很好，很快就会恢复原样。

通过了一个蜂房，还得再通过一个蜂房，直到到达顶部或者用尽力气。所以，如果最底下的壁蜂最先爬出来，你一定不要感到意外。那么，如果巷道的内径很窄，羽化的壁蜂无法从茧和巷道之间的缝隙中通过怎么办？答案很简单，如果它发现此路不通，它们就会退回去，直到上面的壁蜂羽化。它们不用等太久，过不了一周，所有的壁蜂都会羽化的。

壁蜂的羽化是没有次序的，一只羽化好的壁蜂已经离开了窝，另一只也正试图出来。

首先离开洞口的壁蜂开始了新的生活，还没来得及
离开的仍然在继续努力。

如果相邻的两只壁蜂同时羽化了，它们会互相拜访，有时还会一起待在一个房间里，相互配合着凿穿天花板。它们就这样一段段地打通路，后来者可以沿着它们开辟的道路爬出来。

总之，羽化是没有任何次序的，而从另一个角度来讲，出窝又不得不按照从上至下的顺序来进行，不过这个规则会让壁蜂由于上一层的住客没出去，而没法继续前进。因为壁蜂再怎么着急，也不会去伤害别的茧。

总而言之，壁蜂的羽化没有任何次序，先羽化的如果不能出去，就耐心等着上面的壁蜂羽化，不管怎么说，它们绝不会去伤害其他的茧的。你可能要问了，如果上面的卵一直没有羽化，而蜂蜜融化成一个又黏又霉的东西，粘住了隔板，让下面的壁蜂无法打开通道怎么办？下面的壁蜂会因此被困死吗？下面我就来解答这个问题。

我收集了许多树莓桩，其中有一些不仅天花板上有洞，侧面的墙壁上也有一两个圆洞，打开这些树莓桩，发现侧面圆洞上方的蜂房里无不布满

在试验中，由于地心引力，一个洞口朝向了下方，一只壁蜂顺利地飞了出来。

了发霉的蜜。可见，下一层的壁蜂被困住了，无从通过正常的道路钻出来，于是便从侧面钻了一个洞。它的这一行为也为更下面的壁蜂开辟了道路，让其他的壁蜂也从这侧面的洞里逃出"牢笼"了。

针对这个现象，我进一步做了一个试验。我选了一个内壁最薄的树莓桩，把它劈开，在剖面中间弄了一个平滑的小沟，然后把壁蜂的茧均匀地码在小沟里。隔板是我用高粱秆的圆片做的，圆片的两面都被我涂了封蜡，这样一来，壁蜂是不可能突破天花板的，要想出去只能在侧面钻个洞。然后，我把两半的树莓桩合了起来，用绳子固定住，中间的缝隙也被我用填料塞满了，保证光线不会透进去。接着我把树莓桩竖立起来，使每一个壁蜂都是头朝上。做完这一切，我只需等着看壁蜂们的表现了。

七月份的时候，我等来了试验结果。20只参与试验的壁蜂，只有6只在侧壁开了天窗，从而逃了出来，其他的壁蜂都被闷死在房间里了。我打开树莓桩，发现没有逃出来的壁蜂也都啃噬过侧壁，而且是集中啃咬侧壁的一点。由此可见，每一只壁蜂都尝试过在侧壁上钻个洞，它们之所以没有成功，只是因为能力不够。

我们知道，壁蜂宁愿自己被困死，也不会去损害还没有羽化的弟弟或者妹妹的。而如果上面蜂房里的茧是死的，壁蜂会怎么做呢？针对这个问题，我又做了一个试验。我把活着的茧和死去的茧交替放在玻璃管里，隔板仍是用高粱秆圆片做的。壁蜂羽化了之后，立即咬穿了天花板，几乎没有任何犹豫，就对死茧发起了攻击。壁蜂是怎么看出来茧里面的幼虫已经死了呢？从外表上来看，活茧和死茧几乎没有任何区别，它们难道是靠嗅觉来判断生死的吗？我对此保持怀疑，因为我并没有在壁蜂的身上发现嗅觉器官。

我继续做试验，把两种茧交替放进玻璃管里，一种是流浪旋管泥蜂，一种是啮屑壁蜂。两种茧差不多大小，都刚好填满蜂房，下面的昆虫要想出去，要么等待上面的茧羽化，要么毁灭上面的茧。试验的结果让我大吃一惊，壁蜂率先破茧而出，它们立即就对流浪旋管泥蜂的茧发起了攻击，将其撕碎，化成蒥粉。可见，壁蜂丝毫不会怜惜异类的茧，可是它们是怎么区分茧的种类的呢？从外表上是看不出来的，而且我无法相信它们是靠嗅觉。

壁蜂羽化后，除了受地心引力的影响，还会受到流动空气的指引来选择方向，向着洞口开凿。

接下来的试验，我把一些茧子的头尾倒置了一下，让一些茧子头朝向门，一些茧子背朝向门，隔板依然用高粱秆圆片。现在我们来看试验结果，无论是头朝下的，还是头朝上的，它们破茧之后都会立即向上突破。可见，壁蜂们会得到地心引力的指引，如果它们头朝下，地心引力会指示它们转个身。我把玻璃管倒置，让出口朝下，结果它们大多被地心引力误导了，还是向没有出口的上部突破，最后它们都死在了最顶层的蜂房里。

也有个别壁蜂尝试着向下突破，但是它们几乎都失败了，尤其是中层和上层的壁蜂。壁蜂的习性是向上突破，违背自己的习性需要克服极大的困难。因为，壁蜂在挖掘的时候，挖掉的东西自然下坠，壁蜂才得以不断取得进展。反之，向下挖掘，挖掘出来的碎屑一直堆在原地，让壁蜂的工作进展很慢，这让壁蜂对自己的工作产生怀疑，以至于索性不干了，最后死在蜂房里。就我的观察来看，只有最靠近底部出口的一两只壁蜂成功逃了出来。

接着，我又把两根都有壁蜂的树莓桩的洞口对接上，合了起来，这样一来两个树桩都没有了出口。结果所有的壁蜂都死在了巷道里，有的头朝上，有的头朝下。

我又用两端都有开口的管子做了一个试验。试验的条件和之前的一样，有的壁蜂是头朝上的，有的壁蜂是头朝下的。试验的结果也和上次差不多，大多数壁蜂无论自己什么朝向都向上突破。只有几只靠近出口的壁蜂，无论自己是什么朝向，都向洞口突破。这个试验结果告诉我们，壁蜂的突破方向受到两个因素的影响。首先是地心引力的影响，因为在自然条件下，出口是不能在下面的，当茧头朝下的时候，地心引力会指示它转个身；第二个因素是自然流动的空气，树莓桩的密封效果很好，只有最靠近出口的几只壁蜂能感受到外部的空气流动，所以底层的壁蜂会在大气的指引下选择下面的出口，而中上层的壁蜂感受不到大气流动，只能在地心引力的指引下向上突破，哪怕上面是条死路；如果上下两端都有出口，上层

羽化后的壁蜂朝着左右两边开凿洞口离开管子，出口的分布看上去惊人的对称。

的壁蜂会受到两种因素的双重影响，选择向上突破，而最下层的壁蜂仍会接受周围空气的指引，向下走。

有一个好办法，可以证明我的猜测，把一个两端都有开口的管子水平放置就可以了。这样做有两个好处：第一，壁蜂可以免受地心引力的影响，自由地选择向左或者向右突破；第二，无论是向左还是向右，挖掘起来都很方便。

这个试验对雄壁蜂的难度较大，它们体格小，恐怕突破不了厚厚的横膈膜，而且它们在本能的天赋方面也比不过雌壁蜂。因此，这次试验我会选择把雌壁蜂作为试验对象，它们的茧看起来都粗壮许多。然后，我把茧按照不同的朝向或者同一朝向，分别在管子里排列开。

第一次的试验结果让我十分震惊。管子里共有 10 个茧，靠左的 5 个茧向左突破，靠右的 5 个茧向右突破；我尝试把茧子的最初朝向颠倒了一下，结果还是一样的。如此对称的试验结果，是我从未遇到过的！

如果用排列的算法，10只壁蜂可选择方向加起来共有512种，而出现对称的结果是所有可能中概率最低的。而且，多次试验后，结果仍然是一样的。不仅如此，靠右的5只壁蜂，全部向右凿，左边的隔板上没有任何凿痕；左边的5只壁蜂，全部向左凿，它们的右边的隔板同样没有丝毫损坏的痕迹。可见，当它们破茧而出的时候，没有经过任何犹豫就选择了方向，而且十分精准。

在之后的几年中，我又拿我所能找到的所有树莓桩重复过这次试验，结果都是一样的。我一般会选择10只壁蜂做试验，试验对象是偶数的话，会刚好出现一半向左，一半向右的情况。如果试验对象是奇数的，中间的那一只就会很随意地作出选择。

最后，我要补充一点：如果水平放置的管子只有一个出口，那么所有的壁蜂都会向出口的方向突破，如果它们背对出口，就会掉个头。

第八章
寄生者西芫菁

昆 虫 档 案

昆 虫 名：西芫菁

英 文 名：Spanish fly

身世背景：属于鞘翅目芫菁科甲虫，大多生活
在地势较低的中海拔以下地区

生活习性：常常将卵产在条蜂的蜂房中，采
取寄生的方式生活

绝　　技：受惊时分泌黄色液体，液体恶臭，
且能侵蚀皮肤

西芫菁的生殖习惯

五月间，卡班特郊区高高的沙质黏土边坡上有两种条蜂特别活跃，一种是黑条蜂，一种是低鸣条蜂。它们身兼两职，既是采蜜工，又是地下蜂房的建造工，两种工作都得心应手。黑条蜂会在蜂房的入口处建造一个土质镂空的圆柱体作为前沿工事，这种建筑物的长度和粗细都和一根手指差不多，形状看起来弯弯曲曲的；低鸣条蜂的巷道口则是向外敞开的。两种条蜂最爱在朝南的垂直地面上建造蜂巢，比如道路的边坡；此外，废弃的破房子、旧墙的石头缝、松软的砂岩和泥灰岩的洞壁，也是绝佳的筑巢场所。

我喜欢在学生放暑假的八九月份，观察边坡上的条蜂蜂巢。此时，蜂巢的周围很安静，建造和储粮的工作也已经收尾了，大多数蜘蛛也开始在角落或者膜翅目昆虫的巷道里织网了。我知道在这看起来寂寥的土地下面，在几法寸的深处，黏土制成的蜂房里藏着上千只幼虫和蛹，它们在地下静候春天的来临。在它们的身边，安静地放置着一些没有攻击和防御能力的猎物，这些美食难道不会吸引某些懒惰的寄生虫来此产卵吗？

一只西芫菁正静静地趴在一片树叶上，看起来十分悠闲。

寄生者西芫菁

　　快看，那些穿着半黑半白的丧服的卵蜂虻正伸着懒腰在各个巷道内进进出出，它们在干什么呢？肯定是在找能寄生卵的猎物身体呀。它们之中的大多数命运凄惨，没有完成任务就死在了蛛网上，尸体干瘪。再看另一边，肩衣西芫菁的尸体铺满了陡峭的边坡，它们大多也像卵蜂虻一样把尸体挂在了蛛网上。一些雄性的西芫菁在空中飞来飞去，它们无视遍地的死尸，兴奋地巡视着，一旦发现雌性的西芫菁，立即赶去交配。大了肚子的雌西芫菁只能默默地钻进危机重重的巷道，等候命运的审判。它们为什么要在此时疯狂地交配、产卵，然后默默地死在条蜂蜂房的洞口呢？这其中一定有不为人知的秘密。

　　此时，如果我用锄头刨两下，一定会在地下找到寄生的证据。如果扒开条蜂的窝，你就会发现两层蜂房，一层在上面，一层在下面，两个蜂房有明显的区别。五月份的时候，我曾观察过蜂房的建筑情景，事情是这样的：一开始，条蜂开始挖掘巷道，在巷道的尽头建造了自己的蜂房；此后，条蜂飞走了，巷道便被废弃了，开始出现损坏的情况；懒散的壁蜂飞来了，它利用废弃的巷道修建了自己的蜂房，它的蜂房很简陋，差不多就是用隔板把巷道割成几个卧室而已，然后壁蜂也飞走了。壁蜂是个非常懒惰的家伙，它基本全部采用这种方式建造自己的蜂房。

　　条蜂母亲非常细致而且认真，它在沙质黏土的边坡修建蜂房，在蜂房的洞口盖上了厚厚的盖子，蜂房的大小十分完美。条蜂的幼虫就躲在牢固而偏僻的蜂房的尽头，不易受到外界的侵害。条蜂幼虫的蜂房内壁被母亲刷得十分光滑，这样即便幼虫不能吐丝织茧，也不会被刺伤，只需要舒舒服服地赤身裸体地躺在蜂房里就行了。相对而言，巷道上层的壁蜂蜂房就太粗糙了，大小也极不规则，因此壁蜂幼虫不得不自力更生，吐丝结成坚固的卵状茧，这个茧不仅可以让它们防止蜂房粗糙内壁的伤害，还可以躲避喇叭虫、蜱螨、圆皮蠹这些寄生虫的攻击。所以，辨别两种蜂房的类别很容易，看看它们所处环境的精细程度，看看蜂房里幼虫的状态，就知道了。

　　我曾剖开过几只壁蜂的茧，令我惊讶的是，茧里并不是壁蜂的幼虫，

而是奇形怪状的蛹。只要我稍微能碰一下蛹的外壁，里面的小东西就发起脾气来，它们拼命地拍打着茧壁，让茧不停地摇晃起来。因此，不需要剖开茧，只需要轻挑一下茧，如果看到茧颤抖起来，就可以断定茧里面有蛹。

这种蛹的外形就像一个多齿犁，前端的 6 条粗壮的齿可以挖掘土地，腹部的前 4 个体节上有两排锋利的弯钩，这些弯钩可以帮助蛹爬出狭窄的巷道，蛹的后部由一些锐利的尖钉组成。一般来说，蛹的尾部藏在深处，而前端则露在外面。由此可见，蛹具有强有力的防护作用，是蛹撕开了这层保护自己的茧，然后再挖掘囚禁它的密实的土，完成这些工作后，幼虫便从蛹中挣脱出来，宣告自己长大了。

我从茧里把蛹取了出来，过了几天之后，幼虫钻了出来，果然不是壁蜂，是卵蜂虻！蜕变出来的卵蜂虻很柔弱，以它的能力是不可能戳穿茧的，更不可能从土里挖出一条路来，要知道那坚实的土壤，就算是我用镐也很难刨开。这不能不让人感叹造化的神奇，蛹里的弱小的生命似乎感受到了一种神秘的召唤，使它毅然抛弃坚硬、舒适的庇护所，历尽千辛万苦去迎接光明，在这个过程中它随时有可能失去生命，但是它只能一往无前，因为如果不经历这些它就不能长大。

条蜂把蜂房的地址选在了沙质黏土边坡的土里，正在忙碌劳作。

第八章
寄生者西芫菁

刚刚蜕变出来的卵蜂虻还很柔弱，它还不能独自从土里挖出一条路来。

现在，我已经刨过了壁蜂蜂房的这一层，开始触及条蜂蜂房这一层了。

蜂房都被填满了，有些蜂房装着幼虫，有些则被成虫占据着。幼虫的成熟变态日期是不一样的，这主要由卵的年龄所决定。蜂房里的住户并非全部都是壁蜂，还有膜翅目昆虫毛斑蜂，此时也处于发育成熟的状态；还有的蜂房里装着琥珀色的蛋状茧，这种茧有好几个体节，上面长着芽蕾，茧的外壳很薄，很容易碎，透过半透明的外壳可以看到西芫菁的幼虫正在不停地蠕动着，似乎要冲破茧的束缚。现在我们应该知道了，这个住宅的业主是条蜂和壁蜂，而西芫菁和卵蜂虻则是寄生者，只不过前者寄生在条蜂的蜂房里，后者则寄生在壁蜂的蜂房里。

1855 年，我第一次发现寄生的现象，当时脑子里很疑惑，不知道这些强盗是怎样进入这所完好的蜂房的，就算是用放大镜也看不到一丝强行进入的痕迹。除此之外，西芫菁的茧是蛋状的，鞘翅目昆虫中没有这种形状的茧，我不知道西芫菁是不是二次寄生。也就是说，第一个寄生者寄居在条蜂的蜂房里，以条蜂的幼虫或者它的食物为食，而西芫菁的幼虫又寄生在第一个寄生者的蛹里，事实是不是这样呢？

　　我仔细观察了西芫菁破茧而出，然后交配和产卵的过程。我发现，西芫菁的茧确实非常脆弱，无论从什么方位，只需要用大颚戳几下或者用腿扒几下，西芫菁的成虫就能出来了。

　　我捉了几只西芫菁放进瓶子里，它们一旦获得自由，立即进行交配。这个现象让我意识到，西芫菁成虫最重要的任务就是繁衍，一刻都不能耽误。我还观察到这样的情景：一只雌西芫菁正努力突破茧壁，看起来很焦急地挣扎着，这时一两个小时前才破茧而出的雄西芫菁立即飞过来帮忙。雄西芫菁爬到茧的外壳上，用大颚咬开茧，还用脚胡乱扒着茧，不一会儿在茧的背面弄出了一条缝隙。雌西芫菁刚从茧壳里爬出来四分之一的身体，雄西芫菁就迫不及待地开始了交配，交配过程持续了1分钟。交配的时候，雄西芫菁就钉在壳的背面；如果雌西芫菁完全获得了自由，雄西芫菁就一动不动地钉在它的背上。

　　交配之后，它们各自把自己的腿刷得光亮，然后各奔东西。雄西芫菁飞到土坡的缝隙了，奄奄一息地躺着，两三天之后就死去了。雌西芫菁一分钟都不耽误，立即开始产卵，产完卵后就在产卵的过道口死掉了，这就是遍布边坡的西芫菁的尸体的来历了。西芫菁成虫唯一的任务就是交配和产卵，激情过后就是死亡！虽然它们有完整的消化器官，但是我从没见过它们飞到附近的树叶上吃东西，我有理由相信，它们从不进食。这是怎样的生活啊，西芫菁的幼虫在茧里大吃大喝了几个月，历经艰难来到地面，只在阳光下交配了1分钟，便走向了死亡！

第八章
寄生者西芫菁

　　西芫菁到底是如何挑选产卵的地点的？有人认为，雌西芫菁一旦受精，就立即钻进蜂房，把卵产在条蜂幼虫的身上或者其他寄生虫幼虫的肋部？事实是这样吗，按照正常的逻辑，雌西芫菁确实应该挨个蜂房产卵，但是如果是这样，该怎么解释被西芫菁侵占的蜂房里根本没有任何破损的痕迹呢？答案还需要我们继续探索。

　　我不相信任何猜测，只相信自己看到的，现在就让我来做个试验，看看答案到底是什么吧。我等着一只雌西芫菁受了精，然后迅速把它装进一个大瓶子里，我事先在这个瓶子里装了几块含有条蜂蜂房的土块。这些土块中的蜂房里，有的装着茧，有的装着蛹，还有的已经裂开了，可以清楚地看到里面装着的东西。在封住瓶口的软木塞的下面，我还放置了一根圆柱形的管子，这根管子的直径和条蜂的巷道的直径差不多，这样做的目的是使试验的环境尽可能接近自然环境。然后我把瓶子水平放倒，以便虫子进入管子。

　　挺着大肚子的雌西芫菁用触角不断探测周围的环境，每一个角落都探查到了。半个小时，它终于选好了地址，就是这根管子。它倒退着，把自己的腹部伸进了管子，而头部还露在外面。接着，它便开始产卵了，产卵整整持续了 36 个小时！在这漫长的 36 个小时里，雌西芫菁始终纹丝不动。

西芫菁能够到达条蜂那深深的
洞穴，而且它们产的卵一般都
是蛋形的。

停在植物叶子上的雌性和雄性西芫菁正在调情，交配是西芫菁成虫的主要任务。

　　雌西芫菁产下的卵不少于两千个。这些卵是白色的，呈蛋形，非常小，不足 0.6 毫米长，稍微有点黏，堆积在一起。之所以说有超过两千个卵，我也是经过计算的，在雌西芫菁产卵的过程中，我曾不定期地去查看过，它产一只卵用时不足一分钟，且从不停歇。产卵过程持续了 36 个小时，共有 2160 分钟，理论上来说，雌西芫菁产下的卵不少于 2160 个。当然，这个数字也没有必要那么精准，只需要知道有很多卵就行了。实际上，最终只要很少一部分卵能羽化出幼虫，大部分的卵都死掉了。

　　雌西芫菁只是把卵产在巷道口，并没有像之前推测的那样产在蜂房里。此外，它也没有对卵采取任何保护措施和抵御严寒的措施，甚至没有简单地堵住巷道口，任由卵暴露着。要知道，只要不是在严冬时节，粉螨、蜘蛛、圆皮蠹和其他的捕猎者随时都会光顾这里，这些卵或者刚从卵中孵化出来的幼虫，无疑是它们的美味佳肴。在严寒和各种捕猎者的考验下，最终能幸存下来的幼虫寥寥无几，或许这才是西芫菁产下如此众多的卵的原因吧。

第八章
寄生者西芫菁

一个月后，也就是九月末或者十月初的时候，卵开始羽化了。天气一直很好，我想这些刚刚从卵里爬出来的幼虫，应该会爬到条蜂的蜂房里躲避起来吧。结果我还是猜错了，这些身长不足1毫米的黑色小虫，虽然拥有强壮的腿，但是根本就不走动，始终和破碎的卵皮待在一起。我把土块拿到它们身边，那里有敞开着的条蜂的蜂房、幼虫、蛹，但是它们依然无动于衷，不肯离开卵皮半步。只有在我用针挑动它们的时候，它们才稍微蠕动一下，表示自己还活着。我尝试着把几只西芫菁幼虫从虫堆里拿出来，结果它们很快又爬了回去，我用尽了各种办法，始终无法让它们脱离虫堆，也许它们觉得那里更暖和一些吧。

是不是试验的条件造成了这一令人费解的状况呢？为此，我专门在冬天跑到了卡班特拉的边坡，在条蜂建造的巷道里，我发现了西芫菁的幼虫们，它们和我瓶子里的情况一样，也和卵皮待在一起，挤成了一个小虫堆。

西芫菁的卵就产在条蜂窝的巷道里，而且产卵的地方也并不深，很容易成为捕猎者的目标。

西芜菁的初龄幼虫

　　在很长的一段时间里，荒石园都没什么新的情况发生。而在这段时间里，我最大的收获就是了解了西芜菁的初龄幼虫，下面就是我对这种幼虫的描述。

　　幼虫的长度在 1 毫米左右，肉很硬，呈淡绿黑色，身体上半部分高高隆起，下半部分是扁平的，前窄后宽，嘴周边看上去为淡橙色，单眼旁的颜色稍深些。

荒石园中的西芜菁在活动着，也为法布尔的观察提供了很多的便利。

寄生者西芫菁

西芫菁初龄幼虫的长度一般在 1 毫米，呈淡绿黑色，泛着光。

幼虫的上唇是橙色的，嘴边有少而短的硬纤毛；又短又尖的大颚非常粗壮，也是橙色的。它的颌部触须很长，由两个同样长的圆柱体构成；末端有一根非常短的纤毛。因为它的下唇和颌很难被观察到，所以没办法在这里详细描绘了。

幼虫那两根圆柱形的触角长度相同，相互并不明显地隔开，长度跟触须相似；末端的一根触毛有头上触角的三倍长，但十分纤细，用放大镜都几乎很难看清。它们的触角根部都长有两个不同大小的单眼，隔得非常近，几乎连在了一起。

幼虫的胸部体节长度都相同，并且都呈现出从前往后逐渐变宽的趋势。它们的前胸都比头大，看上去圆乎乎的，前面窄后面宽。幼虫的腿较短，却相当粗壮，末端是充满力量的爪，爪长而尖，且十分灵活。它们的大腿和髋部上都长有长触毛，几乎与腿齐长。当幼虫活动时，长触毛与活动平面相垂直。幼虫小腿上还有几根硬纤毛。

初龄幼虫的腹部有九个体节，长度都一样，不过没有胸部的体节长，腹部体节宽度是一节一节地变小的。在第八体节和第九体节的附属物下面，有两根短粗的尖针，稍稍有点弯，末端的尖针一根偏左，一根偏右。这两根尖针伴着底部横膈膜的起伏而不断活动，当肛门体节缩进第八体节里时，

正在植物茎上行走的西芫菁初龄幼虫，它的大腿和髋部的触毛在支持面上被拖动着。

这两根尖针会跟着藏在第八体节下面。幼虫腹部的第九体节上有两根长触毛，和触角以及腿上的触毛一样，都是从上到下弯的。它的肛门是一个乳头状的小肉突，在第九体节后面。可我用显微镜也没看出肛门来。

在幼虫休息的时候，各个体节就很有规则地排列着，这时各关节的横膈膜就看不见了。但是当幼虫走动时，所有的关节，特别是腹部体节的关节就会露出来了，且占的位置差不多和角质的弯拱一样大。同时，幼虫的肛门节也随之拉长，从第八体节里冒出来，而第八体节的那两根尖针起初活动很慢，接着就快速地竖起来；最后，这两根尖针又伸展成新月的形状。一旦这个体节打开，幼虫就能在最光滑的平面上活动了。初龄幼虫的第九体节与肛门圈弯得同身体的轴线呈九十度角，然后其肛门挨在运动面上，流出了一小滴透明的黏液。肛门圈和第九体节的那两根触毛如三脚架样，把小虫架在上面，黏液则把小虫粘起来，使它稳稳地钉在那里。这时我把玻璃片立起来，或不停地翻转、摇晃，它都不会掉下来。

如果幼虫想在玻璃上行走，它便会用另一种方法。把腹部弯起，在

第八体节的尖针完全展开时，它就将针尖当作基座，然后全身倚靠在上面，通过膨胀腹部的各个关节来向前进。腿在前进的时候也帮了忙，它向前爬了一步，腿上的爪就会伸出来抓住平面，接着它收拢各个环节，收缩腹部，而往前伸的肛门则借助那两根尖针再次找到支撑，下面的第二步也是这样。

看到初龄幼虫的行走过程，那大腿和髋部的触毛在支持面上拖动着，我依据其长度和弹性，觉得这些触毛对走路只是碍事的。可后来的事实告诉我这些触毛不仅不碍事，反而还会帮些忙。

其实看到这些，我已能猜测出西芫菁的初龄幼虫很可能不是在一般的平面上活动了。它那灵活粗壮的爪，以及能抓住光滑物体的新月形器械，还有黏性极强的黏液，一定是针对突发情况的。不过我想不出它拿这种奇怪的机体结构做什么。通过对这种奇怪结构的研究，我相信我会看到某种奇特的生活习惯，因此我热切地盼望着春天的到来。

我在1856年的春天进行了西芫菁初龄幼虫的观察，收获了不少东西。四月末，初龄幼虫开始活动了，它们急匆匆地到处乱爬，我猜测它们是在找食物。因为它们是在九月末羽化出来的，而直到第二年四月的七个月间它们没有吃任何东西，不过它们却很有活力，并没有用昏睡的方式打发这

西芫菁的初龄幼虫趴在条蜂蛹上，似乎对它并不感兴趣。

段时间，因为我在冬天会偶尔地刺激它们，而它们的反应也能证明它们不是在昏睡。它们羽化出来后，虽然更具活力，但必须禁食七个月；所以看到它们现在焦躁不安的状态，我自然就觉得它们是因为太饿了。

它们想要的食物肯定是条蜂窝里有的东西，因为没多久我就发现西芫菁躲进了这些蜂房里。而蜂房里只有幼虫和蜜。我所保存的瓶子里装有条蜂蛹和幼虫的蜂房，有的是打开的，有的是封好的。我把这些蜂房放在幼虫旁边。我甚至把幼虫塞进蜂房，径直把它放在条蜂幼虫的肋部。总之我用了各种方法来刺激它们的食欲，可最终一无所获，因此我推断幼虫想找的既不是幼虫也不是蛹。

这次我用蜜来做试验。显而易见，西芫菁寄生在哪种条蜂窝里，就一定要喝那种条蜂的蜜才可以。但这种蜂在阿维尼翁郊区不多见，于是在我费尽心思后，终于找到了一些条蜂蜂房，而且是刚封起来的。于是我便迫不及待地把这些蜂房打开。淡黑色的蜜汁装了半个蜂房，气味难闻，刚羽化的条蜂的幼虫就在蜜上浮着。我拿走这条幼虫，接着把一只或几只西芫菁幼虫放上去。在另一些蜂房里，我留下膜翅目昆虫的幼虫，同样把西芫菁幼虫也放进去，我把它们有的放在蜜上，其他对比的不同条件是有的幼虫放在蜂房的内壁上，有的幼虫放在蜂房入口处。最后我把要观察的蜂房放进玻璃管，这样我就可以在既清楚又不打扰它们进食的情况下，观察它们就餐了。

可是它们压根没去吃。入口处的西芫菁不但没进去，反而抛弃蜂房跑到玻璃管里；离蜜很近的位于蜂房内壁上的西芫菁急忙跑出来，由于沾了点蜂蜜，有点黏，所以它每走一步都会一个趔趄。放在蜜上的西芫菁拼命挣扎，接着都陷进蜜浆里，死掉了。我的实验还是第一次遭到这样的惨败。我把我能想到的全都给了你们，小虫你们到底想要什么！

一切又回到起点，我专门跑到卡班特拉去观察西芫菁。可是条蜂已经完成了它的建造，我没发现什么新的情况。我曾向杜福尔谈过西芫菁，这一年，我从他那儿得知，一种他从土蜂身上找到的小虫，后来又由牛波

寄生者西芫菁

一些条蜂在不停地忙碌着，它们在打造自己的蜂房，
不断运送食物。

特判定为一种短翅芫菁的幼虫。而我的确在条蜂窝里看到过几只短翅芫菁。于是我猜想这两种昆虫的习性会不会有类似之处呢？

第二年的四月，我的西芫菁幼虫开始活动了。我的实验要开始了，我随便抓了只壁蜂，然后把它扔进有几只西芫菁幼虫的瓶子里。十五分钟后，我拿着放大镜观察。哇哦，五只西芫菁钉在壁蜂胸部的毛上了。行了，问题解决了！西芫菁的幼虫同短翅芫菁的幼虫一样趴在东道主的胸上，然后由东道主带着到蜂房去了。我抓来各种膜翅目昆虫，尤其是雄性条蜂，反复试验了十次，得到的结果都一样：幼虫都钉在昆虫的胸毛中。为了使得可信度更高，我决定到现场去观察，用事实来验证。我正好有足够的时间来做这些观察。

当时下着雨，很冷，因此户外没有一只活动的膜翅目昆虫。很多条蜂被冻麻木了，它们蜷缩在洞口一动不动。我用镊子把它们挨个夹出来，用放大镜检查。在第一只条蜂胸上我就发现几只西芫菁幼虫，第二只上也有，我夹出来检查的其他条蜂上都有。接着我换了很多个蜂窝进行检查，结果都一样。啊哈，行了！

一只条蜂在采蜜后打算飞回去，
它的身上是否也有短翅芫菁的
幼虫呢？

之后几天天气晴朗，条蜂能出来采蜜了。我便在它们蜂房附近进行
观察研究。我观察到的大多数条蜂胸毛中都有西芫菁幼虫，只有极少部分
没有。接着我在蜂窝的巷道里找西芫菁幼虫，我记得几天前它们都成堆地
待在那儿，结果却没找到。所以我由此推断，西芫菁幼虫是因为本能才等
在巷道里，当条蜂打开蜂房走到洞口想飞时，幼虫便趁机爬到条蜂身上，
钻进毛里，牢牢抓住。它们这样抓住条蜂，显然是为了让条蜂把它们带到
有食物的地方去。

起初我还以为幼虫会在条蜂身上待一段时间，事实却不是这样的。西
芫菁幼虫抓着条蜂的毛，与条蜂的身体垂直，头朝里，尾朝外，挨着条蜂
肩膀的某处一动不动。我没发现它在条蜂身上探索，如果它们想要吸条蜂
的液汁，那一定会寻找表皮最嫩的部位，可它们没有。这些幼虫差不多都
钉在条蜂胸部翅膀下面一点最粗最硬的部位。甚至有的幼虫钉在了条蜂的
头上。如果在这个位置不能继续待下去，那幼虫就会从毛中打开一条道路
到胸部去，接着再找根合适的毛抓紧。

为了更好地证明西芫菁幼虫没有吃条蜂身上的东西，我把在瓶子里死了
很久且完全干了的条蜂放在幼虫够得着的地方。这些尸体根本吮不出什么东

西来，但是幼虫仍然会走到习惯的位置，钉着动也不动。最后我还有个有力的证据，这些幼虫钉在条蜂身上，条蜂却不觉得有任何不舒服，我从没看到它企图甩掉这些幼虫。我把一些身上没有芫菁幼虫的条蜂和身上有几只幼虫的条蜂分别放在瓶子里。当由于被囚禁而引起的混乱平息后，我看到那些身上有西芫菁幼虫的条蜂没表现出什么不同。因此我推断，这些幼虫钉在条蜂的身上，只是想搭顺风车而已，而这时建造蜂房的工作很快就要开始了。

其实条蜂的身体经常会受到摩擦，它在花丛中飞舞时，进巷道时，用腿来整理毛时，都可能把幼虫弄掉，而幼虫要想被带到蜂房里去，就必须躲藏在条蜂的毛中。由此来看，也只有幼虫的那种奇怪的机体结构能做到。体节上的两个角一收拢就能抓住一根毛，当有危险时，肛门会排出黏液使幼虫不会掉下去；而幼虫大腿和爪上的触毛则是一个锚，它们能深深地嵌入条蜂的毛里。

还有一个非常值得关注的地方是，到目前为止，我所发现的被幼虫钉上的条蜂都是雄性的。它们为什么不选雌蜂呢？原因很简单，因为雄蜂比雌蜂早出窝约一个月，而且其他很多膜翅目昆虫也是如此。雄壁蜂甚至比雄条蜂出窝得还要早，不过有些太早了，这时候西芫菁的幼虫还在迷糊中。我相信就是因为雄性壁蜂成熟得太早，才没被西芫菁幼虫钉上，因为我专门把西芫菁幼虫放到壁蜂面前，而它们和条蜂一样也会被幼虫钉上。

雄壁蜂先从它和条蜂共同的住所出来，随后是雄条蜂，接着雌壁蜂和雌条蜂差不多同时出窝。雄条蜂在出窝穿过巷道时，就被一些幼虫钉上了。那些逃过这一次攻击的条蜂，可能在下雨、冷风或夜晚回窝时被钉上。因此只有极少的幼虫没钉在条蜂身上而四处闲逛了。

所以要到五月时，雌条蜂出窝经过巷道时，只能粘上极少的幼虫。事实上，我四月份抓到的第一批雌蜂身上都没钉上西芫菁幼虫。现在幼虫仍在雄蜂身上，可最后它们必须转到雌蜂身上，因为只有雌蜂才建造蜂房和储备蜂蜜。所以幼虫必须从雄蜂身上转到雌蜂身上，而最好的时机便是两性交配时。

为了证明我的推理，我做了个试验。我把一只雄蜂放到一只身上没带西芫菁的雌蜂上，尽量使它们安静下来，让它们能稳定地接触。这样让它们接触十五到二十分钟后，之前钉在雄蜂身上的幼虫就移到雌蜂身上去了。

为了在现实中找到证据，我在次年五月二十一日赶到了卡班特拉，如有机会的话，我希望知道西芫菁幼虫是怎么进入条蜂蜂房的。此时条蜂的工作正有序地进行。在一个高土层前，一窝条蜂在乱舞。这是一群条蜂，数量极多。那时我不太清楚条蜂的性格，所以我以为自己很可能会被蜇上万个包，但为了解开心里的疑问，我还是鼓起勇气开始朝着条蜂群挥捕虫网。结果和我所推断的一样，幼虫就在雌蜂的胸部。可见我来得正是时候，好了让我来看看蜂房吧。

在多次尝试挖掘条蜂蜂房后，我发现条蜂出乎意料的温和，只有在它们被抓时才可能蜇你一下。因此我在没用一点预防措施的情况下，还能淡定地在进行研究。

现在我要检查蜂房了。有的蜂房还没有封口，里面存放蜜的量各不相同。其余封起来的蜂房里装的东西很不一样。有的装的是一只已吃完或将吃完蜜浆的条蜂的幼虫。有的里面装的蜜还没动过，条蜂的卵浮在上面。其中的大部分蜂房里，我都看到有西芫菁的幼虫趴在条蜂的卵上。

这些小家伙是什么时候用什么方法进去的呢？我看到的那些蜂房全都是封好了的。所以我猜测幼虫是在蜂巢封好之前钻进去的。大概是在条蜂产卵时或产卵后盖盖子时进去的。几次试验后，我能推断出，条蜂产卵时是幼虫躲进条蜂窝的唯一机会。

现在我拿来一个有蜜也有卵的条蜂蜂房，打开盖子，然后把这蜂房和几只西芫菁幼虫一起放进一个玻璃瓶。这些幼虫对眼前的食物都没有兴趣，只在管子里毫无目的地闲逛着，一会儿在蜂房外面逛，一会儿又跑到蜂房的洞口。

我还用另一种方法做了这种试验。我又准备了一个蜂房，接着把一只幼虫放到蜂房的内壁上，另一只直接放在蜜上。那只被放到蜂房内壁上

寄生者西芫菁

在法布尔的试验中，被放到蜜里的西芫菁初龄
幼虫最终还是被淹死了。

的幼虫觉得不舒服，慌忙企图逃走；被直接放在蜜上的幼虫，它挣扎了一会儿，接着就陷到蜜里了，尽管它拼命地想游到岸边去，可最终还是淹死在了里面。

总之，我的实验都失败了。于是我又想，既然我只能假设西芫菁的幼虫是在条蜂盖蜂房盖子时进去的，那么只需要在雌蜂产卵的时候瞧一瞧了。我想了一下，我总能在封好的蜂房里看到西芫菁幼虫趴在卵上。过些时间我看到这卵不仅是单纯地做了充当木排保护幼虫安全的媒介，而且也是它一开始的食物。为了能到达这个在蜜中心的卵上，初生的幼虫肯定有某种特殊的技能，使自己和蜜不发生致命的接触。

另外，多次观察都很明确地告诉我，每个蜂房里只会入侵一只西芫菁。但现在，在条蜂的胸毛丛里有好几只西芫菁的幼虫。那么，饿得不行的它们为什么不在遇到第一个蜂房时就冲过去，反而很守规矩地依次进入呢？

我分析了各种条件，得出唯一的合理解释就是：在条蜂的卵刚产了一半时，所有钉在胸部的西芫菁都爬到了条蜂腹部的末尾，在有利位置的那只便迅速地趴在卵上，接着就和卵一起到达了蜜的表面。我只猜想到这个解释。但可惜我没法直接观察到。

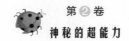
现在我来看看那只刚刚进去的幼虫要做什么。打开新做成的蜂房盖，我发现刚产下没多时的卵上有只幼小的西芫菁。卵还没损伤，状况挺好。但现在破坏开始了：幼虫在卵的白色表面奔走，然后停下，用那六条腿来使自己保持平衡；接着用大颚的尖钩勾住卵的嫩皮，凶猛地撕扯使卵里面的液体流出来，然后开始贪婪地喝起来。吮吸完卵液后，西芫菁幼虫就要靠蜂房里的蜜过活了。这本来是条蜂幼虫的食物，不过这蜜没法同时满足两条虫的需求，因此幼虫先用牙齿摧毁条蜂的卵。在之后的很多天，我都看到幼虫有时静静地趴在卵皮上，有时用头在卵上探索着，接着又把卵撕破，使汁液再流出几滴来，卵液一天比一天少了，但是它仍坚持不去吸取蜜。

这卵不仅是幼虫的第一份食物，还是它的救生设备。我做了个实验，选了一个蜂房，在其蜜上放了条和卵差不多大小的纸带，接着把一只幼虫放到上面。虽然我很小心，但多次尝试都失败了。放在纸带上的幼虫的行为就和之前试验中的一样。它企图逃走，可它一脱离纸带就掉进蜜里，然后被淹死了。

然而，用未遭到寄生虫入侵且卵也没羽化的条蜂的窝来喂养西芫菁初龄幼虫就简单多了。我用蘸湿的针尖把幼虫挑起，然后轻轻地放到卵上，这样它是不会逃跑的。一开始它会对卵观察一番，清楚自己的处境后，就把卵撕破，然后好几天都不动一下。此后只要不因蒸发太快而使蜂房里的蜜干得没法吃，它的发育就没有其他的障碍了。因此那卵是西芫菁幼虫的必需品，因为这卵不仅是它的安身之所，更是第一份食物。之前我不了解这种情况，从而导致瓶子里饲养的幼虫都死了。

八天后，幼虫把卵吸得只剩一张干枯的薄膜了。此时，西芫菁幼虫长大了一倍。幼虫的背上从头部开始裂到胸部的三个体节，而这个裂口处出来的白色小生命，便是西芫菁的第二种形态，这小生物能直接待在蜜上，它蜕下的皮被扔在了卵的残骸上。到这里，西芫菁初龄幼虫的故事就暂时结束了。

几只短翅芫菁正在植物间活动，它们全身都是
黑色，偶尔夹杂着一些绿色。

短翅西芫菁的初龄幼虫

　　这部分我来讲讲短翅芫菁。这是种丑陋的金龟子，有着笨重的大肚子，
鞘翅软绵绵地趴在背上，通体漆黑，偶尔夹杂着绿色。当它觉得自己遇到
了危险时，就会使用自动渗血的手段。它的关节处能渗出一种油腻腻的淡
黄色液体，气味难闻。如果你用手抓它，那你的手指上就会沾上这种液体。

短翅西芫菁幼虫的变态和迁徙与西芫菁相同。短翅芫菁的第一种形态是条蜂的寄生虫。短翅芫菁破卵而出后，被条蜂运到蜂房里去，而条蜂装好的蜂蜜便成了它的食物。

低鸣条蜂既喂养了西芫菁，又喂养了一些稀有的疤痕短翅芫菁。在我的住所附近，黑条蜂常常受到这些寄生虫的侵害。根据疤痕短翅芫菁所选择的这三种居所，我猜想——每一种短翅芫菁都有几种膜翅目昆虫做寄主。这个猜想在我观察初龄幼虫怎么进入封闭好的蜂房时就已被证实了。不怎么变换住所的西芫菁也可以接受住在不同种类的条蜂的窝里。它们的身影常在低鸣条蜂的窝里出现，但在面具条蜂的窝里我只偶尔见过它们。因为我想了解西芫菁，所以常常挖掘条蜂的窝，不过却意外地在窝里发现了疤痕短翅芫菁，但在任何季节里，我都没有看到它为了到窝里面去产卵而等在过道的入口处。幸好哥达尔、吉尔，特别是牛波特告诉了人们，短

短翅芫菁挖洞后会将卵产在里面，然后把洞口埋好，一般洞的深度为两法寸。

翅芫菁是把卵产在地上的，否则我真的对此一无所知。牛波特向人们解释说，他了解到的短翅芫菁在一个面朝阳光的干燥地里建窝，在这里的草丛里挖一个约两法寸深的洞，将自己的卵产在洞里，最后细致地将洞埋好。它们在四五月份产卵，一般间隔几天，重复三四次。

它们一次性会产下大量的卵。据牛波特的估计，普罗短翅芫菁初次产卵是最多的，大概能产下 4228 个卵。短翅芫菁的幼虫生在离条蜂窝较远的地方，所以必须得亲自去找条蜂，这样就得冒很多险。而西芫菁的卵就放在巷道，或在其必经之路上，这样幼虫能减少很多危险。短翅芫菁没有西芫菁的这项本能，它们主要是以多取胜，在繁殖能力和不完善的本能之间找到了平衡点。

它们在卵产下的一个月后，差不多是在五六月底，开始羽化。西芫菁的卵差不多也是在产下后的一个月后羽化。不过短翅芫菁的幼虫羽化后便可以马上去寻找条蜂；但西芫菁的幼虫羽化时间为九月份，那时已没什么可吃的了，所以只能在条蜂蜂房的门口等着，直到第二年的五月。我不想过多描述短翅芫菁的初龄幼虫，但为了让大家理解我接下来要讲的内容，就简单说几句，这种初龄幼虫像一种黄色的小虱子，扁扁长长，春天时初龄幼虫就躲在各种膜翅目昆虫的毛里。

这种在地下羽化出来的小昆虫是怎么从地下跑到某种蜂的毛里去的呢？牛波特的猜想是这样的：短翅芫菁的幼虫从出生的地洞里出来，接着爬到附近的植物上，特别是菊苣上，然后就在花瓣里躲着，等有某些膜翅目昆虫来这里采蜜时，就抓住机会迅速抓住它们的毛，跟着它们被带走。和牛波特不同，我不仅仅是猜想，而是亲自做了观察和实验，并且取得了成功。

这是我在公路边的垂直陡坡上进行的观察。这里有无数的条蜂在劳作。这些黑条蜂的手很巧，会用细土在过道的入口处建造一个棱堡，棱堡是具有防御性的弯曲圆柱体。为了休息，我躺在了路边到边坡脚下的草地上。没多时大批黄色的小虱子急切地爬到了我的衣服上。很快我就看出它

离蜂窝不远的菊科植物上躲着很多短翅芫菁的幼虫，
它们趁着条蜂落脚时爬到它们身上。

们是短翅芫菁的初龄幼虫，以前我只是在膜翅目昆虫的毛上或蜂房里看到过它们，而这次不同。现在我要抓住这个好机会，好好观察这些幼虫是怎么爬到某种蜂身上的。

在我躺下休息的时间里，这些幼虫爬得我满身都是，草地上有三种菊科植物，高卢千里光、多形甜菊和春白菊，它们此时正开得茂盛呢。牛波特相信自己是在一种被称为"狮齿草"的蒲公英上看到短翅芫菁的初龄幼虫的，这是一种菊科植物。而我观察到的三种菊科植物的花上，特别是春白菊，几乎都藏有短翅芫菁的幼虫。而在这些植物中夹杂的野芝麻菜和虞美人的花上却没有这些幼虫。所以我觉得短翅芫菁只在菊科植物的花上等着寄主。

我看着短翅芫菁的初龄幼虫从孵化的地洞里爬上来，有些已经待在千里光和春白菊的花里等膜翅目昆虫了，但大部分还在东跑西跑地寻找适合的栖息地。虽然路边有大片的草地，但是在条蜂蜂房的边坡对面的几乎方米之外，我没找到一只短翅芫菁的幼虫。从这点来看我们都能推断出，这些幼虫是条蜂的邻居，它们就住在附近，也并不是像我们之前所想的那样，要特意选择产卵之处，而是将卵产在了条蜂出没地附近。

邻近条蜂窝的菊科植物的花里躲着如此多的幼虫，所以我敢肯定大部分蜂窝迟早都会被幼虫所侵占。况且，与庞大的幼虫大军相比，只有很少一部分幼虫在花上等待，更多的幼虫仍在条蜂不怎么落脚的地上不断搜寻，那些被我抓住的条蜂胸毛里，几乎都有好几只短翅芫菁的幼虫。

在条蜂的寄生者尖腹蜂和毛斑蜂身上我也找到了短翅西芫菁的幼虫。这些膜翅目昆虫是窃贼。它们先在建造者的巷道前大摇大摆地走，接着又到菊科植物的花中待会儿，并且就是在这个时候，这个小偷也遭遇了盗窃事件。当这个寄生者把条蜂的卵毁了，再把自己的卵产到蜂蜜上时，一只西芫菁的幼虫正溜出它的毛，溜到它的卵上。接下来就是幼虫称霸的时刻了，它把偷盗者的卵撕破，然后开始贪婪地吸食。

在条蜂或在尖腹蜂和毛斑蜂毛里的短翅芫菁，都有一条必须走的路，它们迟早都会去蜂房的。是本能指引它们作出选择，还是命运的偶然？很快我就有了答案。很多双翅目昆虫，比如丽蝇、尾蛆蝇，经常会落在春白菊和千里光的花上，在那儿停会儿。除了极个别的例外，我在这些双翅目昆虫的毛里都发现了短翅芫菁的幼虫，它们紧紧抓着寄主胸部的毛，纹丝不动。这种幼虫甚至在毛刺砂泥蜂的身上也被发现了。我了解的丽蝇和尾蛆蝇的幼虫，是成长在腐烂的东西里，而毛刺砂泥蜂则靠黄地老虎幼虫养育子女，显然，不管是丽蝇和尾蛆蝇还是毛刺砂泥蜂，它们把幼虫带到装满蜜的蜂房里的可能性都为零，所以这些幼虫选错了寄主。

现在我们来看看等在春白菊花上的短翅芫菁的幼虫。这儿有十只、十五只甚至更多的幼虫躲在花里，乍一眼是看不出它们的，因为它们的身子是琥珀色的，和黄色的花的颜色较接近。如果没有晃动，短翅芫菁的幼虫就会如死了那般，一动不动。如果你看到这些幼虫头朝下垂直挂在花里，很有可能会觉得它们正在寻找食物。但我想说，假如它们真的在找食物，那它们就应该很频繁地从这朵花跑到那朵花，可它们没这样跑来跑去，只有当它们觉得条蜂来了时，才会跑出来。只要发现判断失误，它们就立即躲回去。这种态度表明春白菊的花只是它们埋伏的地点而已。可见，它们并没有吃花上的任何东西。后来我知道，同西芫菁一样，条蜂的卵才是它们的头餐。

必须再次强调，我说它们不动，真的是完全地一动不动。如果你想看到它们动，很简单，只要稍稍摇晃春白菊的花，短翅芫菁就会立马动起来，很快地从花的这头跑到那头。来到花瓣另一边后，它们尾巴的附属器官或分泌的黏液都可以将它们固定在上面；接着它们使自己的身子悬挂在外面，六条腿悬空，这样它们就能转向各个方向，尽可能地把身体伸直，使自己够得尽可能远。如果没有能让它们钉的东西出现，那它们就会回到花中，接着等待。不过一旦出现合适的东西，它们就会用让人咂舌的速度

短翅芫菁的幼虫在植物上寻找条蜂的时候，是否也会错搭上其他的昆虫呢？

第八章

寄生者西芫菁

把东西抓住。不管是什么，只要这些东西在花丛里停留过，它们都能抓住。不过这些幼虫到了无生命的东西上后，很快会察觉出自己搞错了，这点我是从它们焦躁的行动上看出来的。如果它们已经上了当，爬到了一根麦秆上，接着又回到了花上，那还想用麦秆再骗它们就不容易了。可见，它们也有某种记忆力。

之后我又进行了试验，是用纤维质进行的。我用了一小块毛呢或者丝绒，也用了棉塞子，还用过鼠麴草上摘下来的绒球，我把这些做成了类似膜翅目昆虫的毛的样子的东西。然后用镊子把这些东西送到它们面前，短翅芫菁幼虫会立刻扑上去，但很快，它们就变得焦躁起来。其实我早该预料到这种情况，因为我还记得我见过它们在鼠麴草上焦躁不安的样子。如果它们这么容易就被有毛的物体欺骗的话，那么排除其他可能的危险，它们也会差不多全都死在植物的茸毛里了。

接下来的试验我用的是活的昆虫。首先用的是条蜂。我先去掉条蜂身上的寄生虫，然后抓着条蜂的翅膀，把它放在花上一会儿，接下来我就发现，就那么一会儿，短翅芫菁就爬到了条蜂的毛里，通常它们会选肩部、肋部；找好合适的位置后，它们就一动不动了。接着我用在附近随便抓到的昆虫来试，有丽蝇、尾蛆蝇、蜜蜂、小蝴蝶，短翅芫菁幼虫发现这些昆虫都会立刻爬到它们的身上；而且幼虫都压根不想回到花上去。由于我当时没找到鞘翅目昆虫，因此没用它们来试验。不过牛波特看到过短翅芫菁幼虫钉在囊花萤身上，所以根据这个试验结果，我能肯定即使用鞘翅目昆虫做试验，幼虫也会钉上去。果然，之后不久我在一只大鞘翅目昆虫花金龟身上发现了短翅芫菁的幼虫。

后来我找了一只大黑蜘蛛，放到幼虫面前。幼虫仍然立刻跑到蜘蛛身上，爬到接近节的地方，然后就一动不动地待着了。由此可知，它们是钉在什么昆虫身上都行的，只要有活的生物碰巧出现在它们面前，它们就会立马爬上去。于是我知道为什么我能在很多不同的昆虫身上发现这种幼虫了，尤其是在那些膜翅目昆虫的春天虫种和会在花上采蜜的双翅目昆虫。

我还知道为什么一只雌性短翅芫菁要产那么多的卵，因为大多数幼虫都会因判断错误而没法到达条蜂的窝。

但是我在前面就观察到短翅芫菁幼虫很积极地以花为起点转移阵地，不管是有毛的还是没毛的，有生命的还是没有生命的。转到另一样东西上之后，幼虫才能判断那是昆虫还是别的什么东西。如果幼虫恰好转移到昆虫身上，那它们在找到了自认为的安全位置后便一动不动了。而如果它们运气不好转移到没有生命的东西或是另一株植物上，那它们都会很不安，会想回到之前休息的花上，显然它们明白自己搞错了。那它们是怎么分辨这些东西的性质的呢？

是用视觉吗？如果是，那应该就不会弄错了；视觉一开始就应该能让它们清楚那东西是不是它们的目标。还有就是这些陷入条蜂的毛或厚毛球里的幼虫，是怎样能用视觉来分辨它身在其中的庞然大物的呢？

是靠接触？就靠趴在那儿能感觉出活的肉在颤动吗？不是的，短翅芫菁的幼虫也会在完全干枯的壁蜂或条蜂的尸体上趴着一动不动。我看到过幼虫安静地趴在被分成两段的条蜂身上，也看到过它们趴在早就被蛀虫蛀空的胸骨上面。既然不能用触觉和视觉来判断，那幼虫是靠什么官能来区分条蜂的胸部和其他小毛团的呢？难道是嗅觉？但那需要多么灵敏的嗅觉啊。何况我还要设想，除开其他所有不适合短翅芫菁幼虫身体所需的东西，在所有适合它们需要的昆虫中，在活的和死的、一段体节和整条的之间，要有多么强烈的气味才可以啊！我脑袋里已有很多很多的谜团了，现在又多了一个。

　　依据一年前的资料，我继续把这个故事讲下去。根据我叙述的西芫菁幼虫，我能确定短翅芫菁幼虫最先爬到一种蜂的毛里，它们这么做只是为了搭顺风车，并不是要吃掉运输工的身体。要证明这点很容易，因为我从没见过这些幼虫企图撕开条蜂的表皮或啃吃条蜂的毛，也从没发现短翅西芫菁的初龄幼虫在条蜂身上有身材变大的情况。由此可知，条蜂只是幼虫的顺风车而已。

　　我还要了解的是短翅芫菁是怎么离开条蜂的毛而钻进蜂房里去的。我设法收集到了短翅西芫菁的初龄幼虫，重复做了牛波特做过的试验。我

把短翅芫菁的幼虫和条蜂的蛹放在一起，可它们对那些根本不感兴趣。

是模仿先前对西芫菁的试验做的，不过结果都一样，都没成功。我把短翅芫菁的幼虫和条蜂的幼虫或蛹放在一起，可它们对那些根本不感兴趣。我把有些幼虫放在开着的且装满蜜的蜂房附近，可它们最多也就是走到蜂房门口瞧瞧而已。最后我还把一些幼虫放在蜂房里或放在蜜上，它们立即逃出来或淹死了。它们同西芫菁幼虫一样，不能直接接触蜜。

　　我挥动了六个小时的铁镐，满身是汗，不过我很高兴，因为我挖了很多被西芫菁幼虫占领的蜂房，甚至还有两个被短翅芫菁幼虫占领的蜂房。蜂房里发黑的蜜汁上漂浮着一张皱巴巴的薄皮，有只黄色的幼虫趴在薄皮上。这薄皮是条蜂的卵壳，那幼虫是短翅芫菁的初龄幼虫。它趁条蜂产卵的时候准备开溜。为了不和蜜直接接触，它必须用跟西芫菁幼虫一样的手段，就是在条蜂产卵的时候爬到卵上，和卵一起到蜜里。到了卵上，它要做的第一件事就是吸吮脚下作为竹筏的卵，我看到短翅芫菁的初龄幼虫在卵皮上就是很好的证明。之后，它将经历漫长的变态过程，这期间条蜂堆积的蜜就是它赖以维生的食物。此时我明白了，我和牛波特饲养幼虫失败的原因就是把蜜、条蜂幼虫或蛹当作了它的食物，其实只要把它放在条蜂刚产下的卵上就没问题了。